新型智慧城市面面观

——以湖北省多地为例

李 蒙 著

国防工業出版社
·北京·

内容简介

本书系统研究了湖北省新型智慧城市的发展现状、建设重点、保障机制及实施路径。全书从理论基础、发展现状、需求分析、建设框架、保障体系到实施路径进行了全面论述。通过对国内外智慧城市建设经验的深入分析，结合湖北省实际情况，提出了“五大共性支撑平台、二十项重点智慧应用”的建设框架，并详细阐述了组织、政策、制度、资金、人才、运营、安全、规范八大保障体系的构建要求。本书既有理论高度，又具备很强的实践指导意义，为湖北省智慧城市建设提供了系统化的解决方案。

本书适合所有关注智慧城市建设、参与智慧城市规划与管理、从事相关技术研发的政府部门、企事业单位及科研院所的专业人员，以及对智慧城市建设感兴趣的社会各界人士阅读。

图书在版编目（CIP）数据

新型智慧城市面面观：以湖北省多地为例 / 李蒙著 . 北京：国防工业出版社，2025. 6. -- ISBN 978-7-118-13834-4

Ⅰ. TU984.263

中国国家版本馆 CIP 数据核字第 2025YT9897 号

※

国防工業出版社出版发行

（北京市海淀区紫竹院南路 23 号　邮政编码 100048）

北京虎彩文化传播有限公司印刷

新华书店经售

*

开本 710 × 1000　1/16　**印张** 11 ¼　**字数** 210 千字

2025 年 6 月第 1 版第 1 次印刷　**印数** 1—1000 册　**定价** 66.00 元

国防书店：（010）88540777　书店传真：（010）88540776

发行业务：（010）88540717　发行传真：（010）88540762

前言

湖北省正处于新型智慧城市建设的关键时期。近年来，在国家新型基础设施建设战略(简称“新基建”战略)的推动下，数字经济蓬勃发展，智慧城市建设已成为推动城市现代化治理的重要抓手。尤其是在经历了新冠疫情的考验后，湖北省更加深刻地认识到智慧城市建设对于提升城市治理能力、加大民生服务保障力度、促进经济转型的重要意义。

本书的写作始于2023年年初，历时一年半完成。在此期间，本书作者深入湖北省各地市州县进行实地调研，广泛收集一手资料，同时系统梳理了国内外智慧城市建设的最新理论成果和实践经验。

本书在成书过程中，得到了湖北省发改委能源局、湖北省科技厅等政府部门的大力支持，各地市州县相关单位也为本书作者及团队提供了宝贵的实践案例和数据资料。同时，武汉理工大学方俊教授专家团队、武汉理工大学李治仁、襄阳智投教育发展有限公司姜维维为本书的写作提供了智慧城市建设技术指导。武汉科技大学刘苹与张惠芳则提供了国内外智慧城市发展情况的背景资料。此外，中国电信湖北分公司、华为技术有限公司等企业的技术专家也为本书的技术方案提供了专业建议。

在此，向所有支持和帮助本书写作的单位和个人表示衷心的感谢。由于时间和水平有限，书中难免存在不足之处，恳请读者批评指正。我们相信，随着实践的深入，湖北省的智慧城市建设必将迈向更高水平，为全国智慧城市建设提供有益的经验和借鉴。

目录

新型智慧城市面面观

第1章
绪　论

1.1 研究背景

2021年是我国“十四五”规划的开局之年，全球正面临诸多挑战，尤其是新冠疫情的反复以及极端天气的频发，给各国的经济社会带来了深远的影响。在这一大背景下，我国迫切需要加快推进城市现代化建设，以应对这些复杂局面，并保持高质量发展的势头。在《国民经济和社会发展第十四个五年规划和2035年远景目标纲要（草案）》中，“加快数字发展，建设数字中国”成为重要战略之一。这一章节不仅明确了我国在数字经济领域的优势，还提出要加速推进数字社会建设，构建智能高效的数字政府，推动城市数字生态的一体化发展[1]。

2024年是“十四五”规划进入关键实施阶段的一年，经过前三年的努力，国家已经在数字经济、社会治理和城市数字化转型等方面取得了显著进展。在这关键一年里，国家继续深化和推动“十四五”规划中所制定的各项数字化发展目标，通过进一步优化数字基础设施，强化政府数字治理能力，来应对未来复杂的国际形势和经济环境。同时，2024年也是检验“十四五”规划成果的重要节点，随着数字技术的不断成熟，未来数字中国的发展将进入一个更为全面和深入的阶段，尤其是在智慧城市建设、数字产业升级和绿色低碳发展领域，数字化手段将发挥至关重要的作用，助力中国实现更加宜居、智能和可持续的城市发展蓝图。

数字政府的建设将继续深化。在“十四五”规划中，构建数字政府是实现国家治理现代化的重要组成部分。2024年，政府进一步完善数字治理平台，强化数据的共享与应用，提升政府的服务效能和决策能力。通过打通各级政府之间的信息壁垒，建立健全的数字化治理体系，进一步提升政府的响应速度和服务质量，减少官僚程序，提高政府对公共事务的管理能力。这不仅有助于提高行政效率，还能够增强公众的参与感和获得感，促进社会的公平正义。数字化转型也将在城市发展中扮演更加重要的角色。随着城市人口的持续增长和资源环境压力的不断增加，智慧城市建设成为应对这些挑战的关键途径。2024 年，国家重点推动智慧城市的发展，通过广泛应用数字技术，提升城市管理的精细化水平，优化公共资源配置，改善城市环境与人居质量。例如，在交通、能源、医疗、教育等领域，数字技术的深入应用让城市管理与服务更加智能，为居民提供了更加便捷和高效的生活体验。未来数字城市效果图如图 1–1 所示。

图 1–1　未来数字城市效果图

作为数字经济发展基础的智慧城市，既是促进经济发展的新引擎，也是数字城市发展必经之路[2]。在全社会积极发展数字经济的背景下，大数据技术应用于各行各业，建成更便捷、更智能的智慧城市。新型智慧城市建设已经成为当下湖北推动数字经济发展的一项必然选择。智慧城市在提高市民生活水平的同时，一定程度上能够减小能源短缺和环境污染等带来的影响，推动传统产业的升级转换，促进企业能动改造[3]。

智慧城市的核心在于通过数字化手段，结合现代人工智能技术与人类思维模式，整合各种互联网及大数据技术，创造出一种全新的技术形态。这不仅是技术的创新，更是推动城市向智能化、现代化发展的重要途径。近年来，随着物联网技术的快速进步，智慧城市与物联网的深度融合加速推进，信息化的浪潮逐步渗透到城市发展的每一个角落，覆盖城市的基础设施、公共服务以及市民的日常生活，数字城市智能化场景如图 1–2 所示。然而，实践证明，孤立、分散的信息化应用并不足以推动城市智能化的深度发展。真正的智慧城市，应该是一个高度信息整合的智能系统，通过对各类信息资源的有效集成，形成全方位、立体化的城市管理与服务体系[4]。

图 1–2　数字城市智能化场景

当前，衡量一个城市智能化发展水平的重要标准之一就是该城市的智能建设规模，包括数字基础设施、智能服务平台和信息集成度等多个方面。智慧城市的应用已经逐渐深入城市企业与居民的工作与生活当中，推动着城市服务向智能化方向迈进。无论是在交通、医疗、教育等领域，还是在公共管理、社会服务方面，智能化的应用无处不在，城市居民享受到更加便捷、高效的生活方式。图 1–3 为智慧公交站台应用展示。同时，政府的管理模式也在逐步实现数字化转型，依托数据共享与智能决策系统，提升公共管理的效率与透明度，推动城市治理现代化。如今，智慧城市的数字化管理与智能服务已经成为城市发展的标配，也是衡量城市竞争力和创新力的重要指标。

图 1–3　智慧公交站台应用展示

习近平总书记在中共中央政治局第二次集体学习时，强调指出“推动实施国家大数据战略，加快完善数字基础设施，推进数据资源整合和开放共享，保障数据安全，加快建设数字中国，更好服务我国经济社会发展和人民生活改善”[5]。新型智慧城市建设有以下几点要求：推动城市数字经济发展，促进智能产业发展，扩大产业规模，形成一条新的智能化产业链，形成新的城市发展动力源泉；促进传统产业应用大数据技术进行改革提升，保障企业经济发展的同时进行产业转型升级；推动政府数字智能化管理，企业经济智能化增长，创造各类智能化公共管理产品，保障社会稳定进步；促进经济和社会生活各领域的智能转型，建立工业、技术、人才、系统和环境相互作用的互补性和综合生态系统。

本书旨在结合上述新型智慧城市建设要求，根据《中国制造2025》[6]等文件规划，对湖北新型智慧城市发展现状、建设重点及保障机制进行研究，为“智慧湖北”建设工作提供对策建议。

1.2 研究意义

1.2.1 新时代国家数字经济发展战略的必然要求

在新一代信息技术的强劲驱动下，数字化与智能化技术如春风化雨，深度融入居民日常生活。新型智慧城市的建设已成为国家数字经济发展战略的必然趋势和核心内容。这一建设模式，不仅是科技进步的直观体现，更是顺应时代潮流、推动城市现代化进程的关键抉择。当下，居家办公、在线学习等新型城市业态蓬勃兴起，成为主流生活方式，这使得社会各界对数字化基础设施的需求急剧攀升，加快新型智慧城市建设的紧迫性不言而喻[7]。

新型智慧城市建设，堪称经济社会转型与升级的强劲引擎，它将全方位变革城市治理模式、居民生活方式以及产业结构布局。在这一进程中，必须以生态文明建设为引领，秉持集约化、绿色化发展理念，坚定不移地走智能化与低碳化协同发展的道路。唯有如此，才能在实现城市现代化与智能化的同时，确保可持续发展的根基稳固。在国家高度重视并积极推动数字城市建设的大背景下，未来社会服务体系的完善以及政府治理模式的优化，很大程度上会与智慧湖北的建设规划紧密关联。

通过新型智慧城市建设，湖北省将加速产业结构的优化调整与转型升级，借助数字化手段赋能传统产业，实现创新突破，进一步提升经济竞争力。城市将逐步蜕变成为生态宜居、低碳智能的现代化都市，为居民提供更加优质、高效的城市管理与公共服务。新型智慧城市建设还能有效降低湖北农村人口向城市迁移的成本，缓解城乡发展不均衡问题，有力促进城乡一体化进程。此外，新型智慧城市建设将实现城市人口的全面覆盖，大幅提升城市基础设施的服务能力与效率，推动产业繁荣发展。在追求经济效益的同时，更加注重城市生态文明保护，确保城市在快速发展过程中，不忽视环境的可持续性[8]。这一系列举措，将为未来数字城市发展提供坚实支撑，推动城市管理与服务迈向智能化、精细化的全新阶段，如图1–4所示。

图1–4 新型智慧城市管理

1.2.2 推进湖北运营管理精细化的战略选择

当前，湖北省地市州县正面临一系列亟待解决的发展难题。城乡发展不平衡问题突出，城市治理模式难以跟上城市快速发展的节奏，农村人口向城市迁徙的速度相对滞后。这些问题不仅制约了城乡一体化进程的推进，也对地区经济社会发展形成一定阻碍。尤其是在城市化加速的大背景下，如何优化城市治理模式、促进城乡协调发展，已成为各级政府和社会各界关注的焦点。随着信息化浪潮席卷而来，智慧城市建设逐渐成为提升城市管理能力与发展水平的重要途径，全国各地智慧城市发展战略如表 1–1 所列。大数据技术的整合与应用，将为城市数字化管理注入全新活力，大幅提升城市管理的

表 1–1　全国各地智慧城市发展战略

城市	上海	深圳	杭州
理念	数字化转型	数字化整体转型	数字变革、数字化改革
目标	具有世界影响力的国际数字之都	全球数字先锋城市	“数智杭州·宜居天堂”——“全国数字经济第一城”“全国数字治理第一城”
重点方向	**整体性转变**：“经济、生活、治理”全面数字化转型，“五型经济”；“数字无障碍”“数治”新范式。 **全方位赋能**：数据驱动的数字城市基本框架，数据新要素体系、数字新技术体系和城市数字新底座。 **革命性重塑**：再造流程，“决策革命”“政策找人”；重构规则，“管行业也要管数字化转型”；塑造功能，“‘七可’能力”；重建生态，“揭榜挂帅”建设机制	**数字经济**：数字化战略、新引擎战略。 数字政府：全面网络化、高度信息化、服务一体化。 **城市数字化**：“云上城市”“数字孪生城市”。 数字基建：基础网络体系、算力体系。 **数据治理体系**：数据安全、数据共享、数据开发利用、数据资产化管理	**数字赋能产业变革**：数字产业化二次攀升；新制造业计划、新工厂计划；服务业数字化。 **数字化改革**：城市大脑建设撬动各领域改革；党政机关数字化转型；数据要素市场培育

续表

城市	上海	深圳	杭州
基础亮点	"一网通办""一网统管""双千兆第一城"，省级政府网上服务能力排名全国第二，数据开放指数排名全国第二	5G基站密度全球第一；数字经济规模全国城市第一；重点城市网上政务服务能力排名第一	城市大脑48个场景，数字治理一线城市全国第一；5G基站渗透率全国第二
共性特征	挖掘**数据要素**价值成为重点方向；凸显**"整体政府"**服务理念；**数字经济**成为首要布局重点		

智能化与网络化水平。通过精准的数据挖掘与分析，城市管理者能够更迅速、准确地做出决策，有效提升城市应对突发事件的响应能力。信息化手段还将广泛渗透到城市各个领域，全面提升市民的知识素养与智力水平，促进城市文化、经济、社会的全面进步[9]。

在此背景下，湖北省迫切需要把握新一代信息技术发展的重要机遇，积极探索和拓展信息化技术在更深层次的应用场景。通过有效利用数据和信息，推动城市中人、财、物的高效流动和周转，促进各地市州县在数字化方面的推进，进而实现城市管理模式的更新与转型。这种转变将有助于解决因城市信息共享不充分而导致的经济社会运行效率低下的问题。

湖北省还应致力于构建一个更加开放、共享的信息生态系统，以实现各级政府、企业和公众之间的高效协作。这不仅能够提升城市治理能力，还能增强公众的参与感和满意度，从而推动社会和谐发展。同时，湖北省需要借鉴国内外先进地区在新技术应用方面的经验，确保自身在城市群发展进程中与先进地区保持接轨。

通过这些努力，湖北省能够更好地适应数字经济的浪潮，提高城市运行的效率和智能化水平，实现经济的高质量发展，最终为广大市民创造更加美好的生活环境与社会条件。

1.2.3 促进经济转型升级的高效引擎

湖北省的产业经济目前仍然高度依赖重工业，主要集中在电力、钢铁、建材等传统行业上，工业营收持续增长（图 1–5）。尽管这些行业为湖北经济发展立下汗马功劳，但过度依赖也带来产业结构单一、资源消耗大、环境压力大等诸多问题。此外，湖北省交通物流等关键产业发展相对滞后，限制了区域经济的进一步联动与拓展。与此同时，文化旅游产业潜力尚未充分挖掘，其他配套服务业和生活服务业发展仍处于起步阶段，尚未形成丰富多元的产业链和价值链体系，这些因素在一定程度上制约了全省经济的高质量发展。

图 1–5　湖北的工业营收持续增长

“智慧湖北”建设，有望为湖北省经济发展注入全新活力与强大动力。智慧湖北将推动经济发展模式创新，重点通过数字化手段优化传统产业结构，提升资源配置与利用效率。依托大数据、物联网、人工智能等新兴技术，在现有资源要素基础上，湖北省工业和现代服务业将迎来规模化发展的新契机。推动这些产业的智能化转型，湖北省能够加速实现产业结构优化升级，摆脱对传统重工业的过度依赖，迈向更加多元、可持续的经济发展道路。“智慧湖北”将紧密围绕国家战略，如“中国制造 2025”和“互联网 +”，以促进产业转型升级为核心动力，充分发挥湖北省的传统资源优势，推动工业企业向智能制造转型。这一过程中，经济结构的调整将涉及多个层面，不局限于工业领域，还包括农业、文化、旅游、物流等多个领域。图 1–6 所示的北京某物流园区的自动化传输系统和图 1–7 所示无人驾驶逐渐投入应用，通过与战略性新兴产业的深度融合，这些领域的创新发展将为湖北省带来广泛的经济效益，进一步增强全省的产业竞争力。

图 1-6　北京某物流园区的自动化传输系统

图 1-7　无人驾驶逐渐投入应用

在推动产业转型的同时，智慧湖北还将着力提升产业基础设施的智慧化发展水平，打造强有力的支撑体系，促进现代服务业与制造业的协调发展。通过优化企业服务和营商环境，湖北省将为企业创造更优越的发展条件，激发市场活力。智慧湖北将推动数据开放共享与增值利用，助力企业探索新商业模式，提高创新能力，推动湖北经济实现可持续发展。图 1–8 为三宁化工与中国电信、华为合作建成湖北首个 5G 智能化工厂。在这一过程中，数据驱动的新经济模式将成为湖北省未来发展的重要引擎，为建设现代化经济体系奠定坚实基础。

图 1–8　三宁化工与中国电信、华为合作建成湖北首个 5G 智能化工厂

1.2.4　构建现代公共服务体系的有力抓手

智慧湖北建设将充分发挥互联网的变革创新能力与强大的资源整合优势，推动湖北省各级地市州县政务服务的全面数字化转型，彻底改变市民办

事流程，将传统的线下服务逐步转移到线上平台。通过构建全省各级地市州县线上公共服务体系，湖北将实现从前端用户渠道到后端管理平台的全方位一体化民生服务，打破长期以来困扰民生服务的部门间体制机制障碍，使各项服务更加高效、便捷、透明。这种数字化服务体系将面向全体市民，提供全天候24小时在线的公共服务通道，确保市民能够随时随地获取城市管理和民生服务（图1–9）。这不仅能解决长期困扰城市发展的基础设施配套服务与城市规模发展不匹配的问题，还将对城市资源分配不均衡等现象起到有效的协调作用，促进区域内城镇一体化协同发展。

图1–9 浙江省已启用“24小时智慧服务大厅”

在“智慧湖北”的框架下，大数据技术在民生服务领域的应用将得到全面推广。通过精准的数据分析与智能化的管理系统，政府能够更好地应对市民的个性化需求，推动公共服务的升级和创新发展。这将进一步促进城市在开放化、个性化、智能化方向上的转型升级，推动智慧城市的建设向更高水平迈进。此外，信息化技术的广泛应用将释放其在促进社会公平、提升生活质量方面的巨大潜力。“智慧湖北”不仅是数字化治理的象征，更是社会进步的重要标志。它通过信息技术的普及和应用，缩小了城乡、区域差距（图1–10），让智慧城市建设成果真正走进千家万户，显著提高市民的幸福感和获得感，助力“幸福湖北”的全面建设，逐步实现科技赋能社会进步的美好愿景。

图 1-10　智慧城市助力城乡融合发展

1.3　智慧城市的发展概述

从全球范围来看，亚洲地区在智慧城市建设相关研究方面处于领先地位，是开展这一领域研究活动的主要区域之一[10]。同时，该地区对智慧城市的研究表现出极大的积极性和热情。随着全球对“智慧城市”理念认知的不断加深，越来越多的人开始关注并积极参与到智慧城市相关设施的建设中，形成了广泛的社会共识[11]。在这一背景下，数字化已成为城市未来发展的新引擎，成为城市建设的重要指南[12]。数字化不仅能够推动城市经济向更高层次转型，还能有效促进工业的现代化，为智慧城市的构建提供坚实的技术基础和支持。通过整合大数据、云计算、物联网等先进技术，数字化能够帮助城市提升治理能力和服务水平，推动各项社会经济活动的高效运转。

智慧城市的建设绝非仅仅局限于技术层面的迭代升级，更为关键的是要持续不断地提升城市居民的生活幸福指数[13]。这种幸福感的提升，将进一步增强国家在全球竞争格局中的地位，使其在国际舞台上更具影响力与竞争力。与此同时，智慧城市的建设也为城市经济与文化的繁荣注入了新的活力，成为推动城市绿色可持续发展的重要动力。智慧城市的建设积极响应全球低碳经济发展目标，彰显出对环境保护与资源节约的高度重视。在推动城市发展、提升居民生活质量的过程中，智慧城市也在积极探索并践行绿色发展模式，力求实现经济发展与生态环境保护的良性互动，努力达成经济、社会与环境的协调共进。这一系列举措为实现可持续发展的美好愿景奠定了坚实基础，充分展现出智慧城市建设的重要意义与广阔前景。

1.3.1 国外智慧城市发展现状

随着全球经济和社会的持续发展，越来越多的国家和区域组织开始意识到智慧城市建设的重要性。为了更好地应对未来城市发展的挑战，世界各国政府和区域组织正在加强城市信息系统的建设，充分利用现代信息技术来推动智慧城市的发展与进步。万国商业机器公司（International Business Machines Corporation，IBM）是最早提出“智慧城市”建设概念的公司之一。大约在2000年，IBM首次提出了“智慧之地”的概念，并通过知识网络的搭建和互联网技术的整合，进一步发展并提出了“智慧城市”的完整理念。IBM的可持续城市发展战略重点是通过智能感知技术的应用，对城市中的所有建筑物、基础设施及社会发展部门进行实时监控和信息管理[14]。例如，在智慧城市的建设过程中，可以在医院、铁路、学校、道路、建筑物、网络、大坝和管道中安装智能传感器，将这些设施通过网络连接成一个由超级计算机处理的物联网系统。此外，IBM还提出了云计算和云存储技术，这些技术可以整合全球各个领域的社会发展数据，使全球生产和生活实现更为精确、简化的动态管理，从而为创建一个全球智慧发展的模式奠定了坚实的基础[15]。

自从发达国家首次提出并实施智慧城市建设以来，智慧城市建设得到了良好的经济基础和国民的高度支持。国外智慧城市建设的理论主要以公共服务为核心，强调智慧城市必须为居民提供优质的公共服务，涵盖公共交通、公共设施和经济发展等领域。在实施过程中，智慧城市的建设往往是在国家和政府机构的框架规划下执行的，这些机构通过制定城市建设项目的目标，在城市群建设中扮演着重要角色[16]。这一模式的成功经验为世界各国推进智慧城市建设提供了宝贵的参考。

Norbert Streitz 指出，智慧城市的建设目标应充分考虑到不同群体的不同需求，并在此基础上发挥智慧城市的相应作用。他进一步指出，不同群体对智慧城市的期望和需求存在差异，因此在构建智慧城市时，必须明确不同群体的目标，以确保智慧城市的建设成果能够最大限度地满足不同群体的需求[17]。Andrea Caragliu 等通过跟踪大量的基础数据得出结论，智慧城市的建设应当更加关注环境质量、教育水平和城市信息技术的管理水平。这些因素对智慧城市的发展至关重要，并且是推动城市智能化的关键因素[18]。在此基础上，Allam 等进一步提出，智慧城市建设应基于智能经济、智能环境、智能交通、智能生活、智能家居、智能空间和智能政府七个维度展开。这七个维度构成了智慧城市的基本框架，是实现智慧城市全面发展的核心要素[19]。Anthopoulos 等认为，电子信息技术的传播是时代发展的必然趋势，更重要的是，所有智能应用必须渗透到每个社区和每一个家庭中，实现信息技术的普及和网络的全覆盖。这种模式的信息系统能够涵盖城市生活的各个方面，形成网络化的信息流动，允许不同领域之间共享信息资源，从而协调各行业的组织活动，促进社会发展，节约社会资源，提高社会进步和发展的效率[20]。

联合国人居署在 2023 年主办的全球城市论坛聚焦智慧城市与可持续发展的融合，会议讨论了如何利用智慧技术推动全球城市更具包容性、韧性和可持续性。讨论内容包括智慧城市如何通过数字技术减少城市贫困、提升教育质量、改善城市卫生服务以及实现清洁能源转型。该论坛强调了智慧城市在全球城市化进程中的重要性，尤其是智慧城市在推动可持续发展目标（Sustainable Development Goals，SDGs）中的作用[21]。

近年的研究与会议显示，智慧城市建设已经成为全球学术界和政府的热门话题。随着技术的进步，智慧城市的建设正在不断拓展，涵盖了从城市基础设施的智能化升级到城市可持续发展和社会包容性等多方面的内容。在未来几年，智慧城市将继续成为全球城市化发展的重要趋势，推动经济、社会和环境的多重协调发展。

1.3.2 国内智慧城市发展现状

中国的智慧城市建设最早起步于2013年，住房和城乡建设部宣布了首批国家智慧城市试点城市。然而，当时政策支持和技术发展尚未成熟，智慧城市建设的推进力度不足，导致项目进展较为缓慢。直到近年来，随着科技进步、国家政策的加强以及社会需求的不断提高，尤其是在国家“新基建”战略的推动下，智慧城市成为各地政府与企业合作的重点领域，各类智慧化服务系统的建设和应用得到显著加强[22]。近年来，国内外高校的科研人员和学者们也纷纷投入智慧城市领域的研究当中，针对如何构建更为完善、便捷的智慧城市系统提出了多种构想和研究方法。然而，迄今为止，关于智慧城市的统一标准尚未制定出来。智慧城市建设涉及的技术与应用领域广泛，从物联网、云计算到人工智能等，形成一套统一的标准化体系还需要更多的探索与实践。当前，智慧城市的构建更多是根据不同地区的实际需求进行个性化的发展。系统的标准制定不仅需要技术领域的持续创新，也依赖于跨领域的合作与实践。

智慧城市的建设并不存在一种放之四海而皆准的统一标准，因为每个城市的地域环境、人文风俗和经济基础都有其独特性。因此，智慧城市的构建应该结合城市自身的特点和发展需求来进行有针对性的规划[23]。不同城市的智慧发展路径和目标各有不同，这就要求在进行智慧城市设计时，必须深入研究城市的特征与需求，打造符合实际情况的智慧城市解决方案。

基于对智慧城市研究的深入，《中国智慧城市体系结构与发展研究报告》认为，智慧城市建设的核心是利用电子信息技术构建高度集成的城市管理平台。通过云计算和宽带网络，将原本分散的城市数据和资源集中起来，构建统一的智能化平台，使各类数据得到充分的整合和应用。这不仅能够提升城市管理效率，也能帮助管理者对突发事件做出及时、有效的应对，同时在公共服务的改善上也发挥了重要作用[24]。智慧城市的应用带来了交通、医疗、教育等领域的深刻变革，尤其在应对城市管理难题和提升居民生活质量方面，智慧城市的潜力正在逐步显现。

胡辰旭将智慧城市的应用功能分为四个主要领域：智能交通、智能网络、智能医疗和智能政府建设。他认为，这四大领域的发展不仅能够大幅提升城市管理水平，还将带动相关智能产业的蓬勃发展[25]。例如，智能交通系统通过实时监控和数据分析，可以优化交通流量，减少拥堵，提高出行效率。而智能医疗则利用大数据技术，实现远程医疗服务，为偏远地区提供优质的医疗资源。孟凡坤认为，技术在智慧城市的建设过程中起着决定性作用。相较于其他因素，技术创新是推动智慧城市发展的最强动力，尤其是互联网技术、信息传导技术和通信技术等的应用。这些技术不仅推动了数字产业的快速发展，还具备更大的经济价值，可以为新兴城市的崛起提供坚实的技术支持[26]。随着这些新兴技术的不断成熟，智慧城市的构建将变得更加高效和全面，进一步推动城市经济的转型升级。

中国电信在其发布的智慧城市建设报告中提出，智慧城市的建设必须以服务民生为核心目标。通过科学的规划和创新的技术手段，智慧城市应为居民提供更加便捷、高效的生活与工作服务。智慧城市的本质在于利用信息技术不断改善和优化城市管理流程，使人民的生活更为舒适便利，工作更为高效[27]。中国社会科学院的骆小平教授对智慧城市进行了分类定义，他认为智慧城市的核心在于充分集约城市的各类资源，并将这些资源通过科学规划加以合理分配与应用。从技术层面看，智慧城市是一个集合了多种高新技术的生态系统，涵盖了从基础设施到市民日常生活的方方面面。通过智慧城市建设，居民不仅能够享受到智能化带来的便利服务，还能通过高效的信息化管理系统，进一步提高生活质量和幸福感[28]。

1.3.3 智慧城市发展述评

对国内外智慧城市发展现状进行深入分析后，总结出当前智慧城市发展的不足之处，仍然存在以下几大核心问题。首先，现有的智慧城市研究多以理论研究为主，针对智慧城市建设的内在价值和应用的实践分析相对较少，导致理论与实践之间的脱节。其次，智慧城市的顶层设计相关方法和理论仍需进一步加强，以确保其科学性和适应性。此外，智慧城市的运营模式普遍缺乏长效运营的动力和机制，致使智慧城市的建设和发展面临挑战。

为了有效推进新型智慧城市建设，需要明确战略定位和政策导向，并据此制定与之相匹配的规划和实施路径。

（1）需求探索与创新转型。探索当前现实中存在的需求，以及新型智慧城市所面临的主要问题与难点，分析新型智慧城市如何为传统行业带来转机和创新机会。

（2）完备设计与规划。即使面对复杂的智慧城市系统，也应尽可能进行全面的设计与规划，这包括建立合适的管理制度、制定详细的投融资机制以及技术实施计划等，确保各项措施的协调与有效。

（3）地域特点与应用开发。智慧城市的发展需要根据地域的特点，挖掘潜在的智慧应用需求，开发有效的应用载体，并构建真实可操作的商业盈利机制，从而增强使用者的依赖程度。

（4）困难分析与保障机制。深入分析新型智慧城市建设过程中所面临的各种困难，梳理归纳出智慧城市建设的保障机制和实施路径，以提高建设的有效性和可行性。

在智慧城市建设过程中，本书认为需遵循以下原则：

（1）系统与科学建设原则。智慧城市的建设必须建立在系统化和科学化的原则之上，以便于实施工业、经济、市政管理、社会福利、资源、环境和技术等多方面的综合规划，结合各类资源，提供高智能化的管理服务。

（2）信息技术的深度融合。应基于信息技术、物联网、云计算等先进技术，促进工业化与信息化的紧密结合，推动工业社会顺利转型为知识社会，实现数字国家的目标。

（3）资源优化与可持续发展。强调资源的优化配置，创造一个资源高效利用、环境友好的社会，争取在最佳发展城市中形成具有规模的工业，提升政府管理能力和社会服务水平。

（4）科学管理与效率提升。通过科学管理手段，提高行政服务效率，改进管理方法，以更加灵活和有活力的方式，为整个社会提供智能化管理的新方法，从而增强城市的长期竞争力和品牌影响力。

（5）基础设施建设与资源整合。加快城市基础设施的建设，推动城市发展资源的整合，加速城市生活与信息技术的全方位融合，促进智慧城市管理在各个领域的全面应用，实现更高效的城市运行与服务。

1.4　研究框架与方法

1.4.1　研究框架

本书紧紧围绕湖北省智慧城市的发展现状展开深入探究，致力于在现有基础之上，进一步推动湖北新型智慧城市建设的重点工作，并最终提出切实有效的保障措施以及具有前瞻性的对策建议，以此助力湖北省智慧城市的稳健前行，推动其数字化进程迈向新高度。研究内容主要涵盖以下四个关键方面：

（1）现状研究。通过对智慧城市的概念、特征展开深入的理论研究，并紧密结合调研实践，全面且深入地了解湖北省智慧城市建设的实际发展状况。在此基础上，将湖北省智慧城市建设情况与其他省市的经验进行对比分析，精准剖析湖北省智慧城市发展中的优势与短板，进一步汇总湖北智慧城市建设各阶段所遭遇的主要问题，着重分析制约其发展的关键因素，进而总结出湖北省在构建新型智慧城市时的具体需求以及亟待攻克的难题。

（2）湖北新型智慧城市建设重点研究。紧密结合智慧城市的核心特征与发展趋势，深入剖析湖北新型智慧城市的建设框架，研究湖北省如何在全国智慧城市建设的大格局中充分发挥自身区域优势，总结出契合湖北省实际情况的建设思路。同时，研究在智慧城市建设过程中，如何高效整合各类资源、协调各方力量，聚焦重点任务，如强化信息基础设施建设、推动城市管理智能化升级、加速数据共享平台搭建等，以达成新型智慧城市的全面建设目标。

（3）湖北省新型智慧城市建设的保障机制研究。为确保湖北智慧城市建设能够顺利推进，从多个维度提出完善的保障举措。在组织保障方面，着力构建多部门协同推进机制；政策保障方面，积极出台支持智慧城市建设的配套政策；制度保障方面，持续完善智慧城市运行所需的法规和标准体系；资金保障方面，有效调动公共与私人投资；人才保障方面，大力培养和吸引智慧城市建设所需的高端技术与管理人才。这些保障机制将为智慧城市的持续建设提供坚实有力的支撑。

（4）湖北省新型智慧城市建设的路径研究。围绕“近期：夯实基础，急用先行。中期：深化创新，重点突破。远期：全面提升，示范引领”三大目标，分阶段提出了建设路径。近期目标是夯实基础、优先推进急需领域建设，确保基础设施和信息化建设稳步发展；中期目标则着重于深化创新、突破关键技术，在核心领域实现重点突破；远期目标则是全面提升湖北智慧城市的整体建设水平，打造具有全国示范引领作用的智慧城市样板。通过详细的路径规划，为湖北新型智慧城市的发展提供了明确的行动指南和具体步骤。

本书的核心目标在于为湖北新型智慧城市建设提供坚实的理论依据和具有实操性的实践参考，并通过合理的对策建议，进一步推动湖北省智慧城市的快速发展，助力湖北数字经济蓬勃腾飞，为湖北省的现代化进程注入全新动力。

1.4.2 研究方法

智慧城市建设是一个复杂且有序的系统性工程，涉及各个部门、行业和领域，因此需要综合运用多种研究方法，进行全方位的研究与分析。本书依据“提出问题——分析问题——解决问题”的逻辑思路，分为三个阶段展开。在这种模式下，研究的核心是确保理论分析与实践应用的有机结合，以及问题分析与应对措施的相互协调与补充。本书不仅借鉴了国内外已有的智慧城市建设经验，还针对湖北的具体情况，提出了切实可行的智慧城市建设策略。主要采用了定性分析方法，具体包括以下两种。

（1）文献分析法。研究充分利用了图书馆、网络资源，系统而科学地研究了智慧城市建设的相关问题，并依据特定的参考文献和数据资料，客观、科学地梳理和分析了智慧城市相关的理论体系。通过广泛收集国内外关于智慧城市建设的数据和案例，研究总结了城市建设的成功经验，借鉴前人的研究成果，为湖北新型智慧城市的规划提供科学的依据。本书不仅分析了国内外典型智慧城市的建设现状，还归纳了其中的关键特征与共性问题，提炼出相关理论和建设难点，为进一步明确湖北智慧城市建设的重点任务和保障机制奠定了坚实基础。

（2）比较分析法。智慧城市的建设在全球范围内处于不同的发展水平，不同国家和地区的智慧城市规划与实施进度各不相同。因此，研究采用了比较分析法，通过综合比较国内外智慧城市的优势与不足，结合现有理论和先进的互联网技术，提出适合湖北省实际情况的智慧城市发展路径。通过对比分析国外智慧城市建设中的成功经验与挑战，研究进一步提出了湖北智慧城市建设应如何吸收先进理念，实现技术、管理和模式的优势互补，推动湖北智慧城市建设向高效、绿色、智能的方向发展。

1.5 本书的创新之处

（1）选题创新。本书独辟蹊径，紧紧围绕推动湖北省数字经济高质量发展这一核心宗旨，将湖北省新型智慧城市建设作为关键切入点与突破方向。回顾过往的相关研究，多集中于智慧城市建设的宏观概述，或是对少数发达地区成功经验的提炼总结，极少从严谨的学术研究视角，对湖北省智慧城市发展现状展开全面且深入的调研剖析。本书正是基于此，填补了这一领域的研究空白。通过深度挖掘智慧城市建设中的重点任务、主要挑战以及保障机制，不仅为湖北省智慧城市建设提供了坚实的科学依据，还提出了极具实操性的参考路径，无论是在理论探索还是实践指导方面，都展现出了突出的创新性与前瞻性，为后续研究与实践提供了全新的思路与方向。

（2）学术创新。在学术方法的运用上，本书也彰显出独特的创新之处。紧密结合湖北省城市发展战略的现实需求，灵活且综合地运用文献分析法、比较分析法等多种研究手段。通过系统梳理国内外智慧城市建设的经典案例，深度挖掘湖北省智慧城市建设进程中所面临的具体问题。基于对这些问题的深入分析与研究，成功构建出一套贴合湖北省实际情况的新型智慧城市建设体系，并提出了一系列具有高度可操作性与实践价值的对策建议。这一研究成果，一方面丰富了智慧城市建设领域的学术理论，为学界提供了新的研究范式；另一方面，也为湖北省智慧城市建设提供了切实可行的理论支撑与政策参考，在学术研究与实际应用两个维度均展现出了极高的价值，对推动湖北省智慧城市建设迈向新台阶具有重要的指导意义。

第 2 章

新型智慧城市的概念和特征

2.1 新型“智慧城市”概念提出的背景

近300年来，随着人类科学文化的不断进步，特别是工业革命的迅速崛起，蒸汽火车时代（图2–1）推动了全球社会的深刻变革。科学技术的不断创新不仅改变了人类的生产方式和生活模式，还为人类社会进入一个全新的文明发展阶段奠定了基础。近年来，随着技术的飞速发展，特别是信息化、数字化技术的广泛应用，人类对物质需求的满足达到了前所未有的高度，城市化进程不断加快（图2–2），推动了现代城市的发展和转型。然而，这一过程中也伴随着一系列严峻的挑战，如人口膨胀、公共资源短缺、环境污染加剧等问题不断浮现，这些问题不仅对城市的可持续发展形成了威胁，还在一定程度上放慢了城市化进程，带来了潜在的社会和生态危机。

图2–1　蒸汽火车时代

智慧城市的概念正是在这一背景下应运而生，旨在通过整合先进的技术手段，特别是大数据、物联网、人工智能等新兴技术，来解决现代城市在快速发展中面临的各种问题。通过对城市资源的智能化管理与优化配置，智慧城市的建设不仅能够有效提升城市的运营效率，缓解资源短缺和环境压力，还能够创造更加宜居、绿色和可持续的城市环境。智慧城市的发展

图 2-2 基于高新技术的现代城市建设

目标是推动城市向更加智能化、低碳化和以人为本的方向迈进，从而应对未来社会面临的复杂挑战，为人类社会的长远发展提供更为坚实的基础和保障[29]。

2.1.1 人口规模急剧膨胀

在人类社会的持续发展中，资源的利用和能源的开发始终是推动社会进步的重要因素。然而，随着人类社会从传统工业社会向数字化社会的快速转型，资源和能源的需求量也呈现出持续上升的趋势[30]。这一过程中，伴随而来的资源短缺、环境污染以及生态失衡等问题逐渐显现，严重影响了人类的生产和生活方式。根据巴黎政治学院发布的相关研究报告，全球能源的开发和利用虽然持续增长，但其中传统能源，如石油和煤炭，依然占据了主要地位。这些化石燃料的消费量在全球能源消耗中最高，其次是天然气、生物能、核能和太阳能等新型能源。然而，随着全球经济总量的上升，尤其是我国在全球 GDP 中的占比逐年增长，国内能源的消耗总量也随之大幅提升。数据显示，从 2015 年到 2023 年，我国的能源消耗量增加了 30% 以上，能源物质消耗比例图如图 2-3 所示，这一增长量相当于同期印度的能源总消耗量。

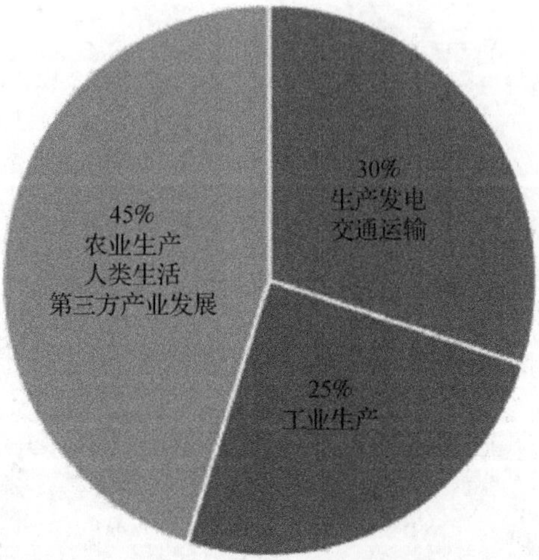

图 2-3 能源物质消耗比例图

与此同时，伴随着能源的大量消耗，全球范围内的城市化进程也加剧了生态环境的压力。城市人口的急剧增加以及城市化的不断扩展，不仅带来了对自然资源过度消耗的严重后果，还对环境造成了巨大影响。这种快速的城市化使得资源的需求不断攀升，导致了自然资源的枯竭，进而引发了一系列环境问题，尤其是在空气污染、水资源紧张以及土壤退化等方面，城市的发展对生态平衡形成了明显的破坏，造成了许多严重的环境问题和极端气候现象[31]。

具体而言，空气污染的加剧不仅影响了居民的健康，还降低了生活质量，尤其是在大城市中，雾霾和有害气体的排放已成为人们日常生活中无法忽视的威胁。此外，水资源的紧张也日益严重，随着城市规模的扩大，水资源的需求不断增加，但水源的供给却未能相应跟上，这直接导致了部分地区水资源的紧缺和竞争，甚至引发社会矛盾。而土壤退化则是由于城市建设带来的土地使用不当、过度开采及化肥农药的滥用等因素造成的，进一步威胁到粮食安全和生态系统的健康[32]。

这些问题的出现警示我们，如何在经济增长和人口膨胀的背景下，实现资源的可持续利用，维护生态系统的平衡，已成为当今智慧城市建设中必须面对的重要课题。因此，制定有效的政策和措施，推动可持续发展的理念已显得尤为迫切，以确保在实现经济繁荣的同时，不牺牲我们赖以生存的生态环境。这要求各级政府、企业和社会各界共同努力，通过科技创新和绿色发展，实现人与自然的和谐共生，为未来城市的可持续发展奠定坚实的基础。未来智慧城市应用范围如图 2–4 所示。

图 2–4　未来智慧城市应用范围

2.1.2　环境污染持续扩大

随着城市化进程的加速推进，环境污染问题日益成为城市发展中的一大挑战。世界银行对环境污染的研究表明，污染已经成为中国城市建设和发展的核心问题之一，其造成的经济损失相当于全国 GDP 的约 5%。根据 2013 年全球城市污染数据统计，全球十大污染最严重的城市中，大多数都位于中国工业发达的城市。这些工业型城市在追求经济发展的同时，不可避免地带来了环境污染，空气质量下降、水资源污染、土壤退化等问题频发，对城市居民的生活环境构成了严重威胁。污染对人类健康的影响也不容忽视，尤其是在高度城市化地区。研究表明，空气污染、水体污染等环境问题不仅增加了居民患病的风险，还直接导致了诸如极端天气、城市内涝等城市病的出现[33-34]。这些现象显著降低了城市居民的生活质量，影响身心健康。同时，国内外专家学者的研究发现，环境污染与多种重大疾病的发病率密切相关，尤其是癌症。癌症发病率的上升在很大程度上可以归因于空气中的有害物质和其他环境污染源，如汽车尾气排放和工业废气等。大气污染的持续扩大使得呼吸道疾病和心血管疾病的发病率也显著增加，城市居民面临的健康风险不断加大。图 2-5 为青岛雾霾对比。

许多国家已经经历了城市快速发展带来的环境污染后果，为了应对这些问题，他们不得不投入大量资源进行环境治理，付出了巨大的代价。在此背景下，新型智慧城市的出现为解决这些长期困扰城市发展的污染问题提供了新的希望。智慧城市通过整合高新技术和环保理念，能够有效监测和控制污染源，从而减缓环境恶化的趋势。在未来，新型智慧城市将致力于探索和实施一系列创新和高效的污染治理方案，通过智能管理系统对城市建设中的各类环境问题进行精准调控，为实现城市的可持续发展开辟新的路径[35-36]。

图 2-5（1） 青岛雾霾对比（2016 年）

图 2-5（2） 青岛雾霾对比（2016 年）

2.2 新型智慧城市建设概述

2.2.1 新型智慧城市建设概念

智慧城市发展的概念在国内外的研究中存在多种不同的解释和理解。例如，在一些国际论坛（图 2-6）上提出的“智慧城市”理念认为，建设“智能城市”仅需要消耗少量的资源和高科技通信技术，就能够有效促进经济发展和社会财政资源的节约，最终造福社会。这一建设内容通常包括宽带基础设施的建设、高新技术劳动力的培养、服务领域能力的提升以及在创新、市场营销和通信等方面的应用[37]。

IBM 对“智慧城市”的定义则侧重于智能应用，强调这些应用能够满足人们对环境、公共安全、城市服务和商业活动等各方面的需求，体现了信息技术在城市生活中的广泛应用[38]。中国工程院院士王家耀也指出，智慧城市建设的目标不应仅限于数字化应用的简单实现，而应该旨在让城市整体变

图 2-6　2024 全球智慧城市大会·杭州

得更加智能化。他强调，必须通过互联网建立物联网，将信息进行智能处理和分析，及时发布指令，并智能地回应人们的需求[39]。

智慧城市建设的目标不仅仅是一个数字化的应用，而是让城市变得更智能。我们必须通过互联网建立物联网络，智能地处理和分析信息，发布指令，智能地回应人们的需求。图 2-7 为物联网与大数据应用。

基于上述理念，本书认为，新型智慧城市的核心在于构建一个惠民的全覆盖服务体系、精准精细的城市治理体系以及信息资源共享体系。通过顶层设计、科学引导与创新发展，推动新信息技术与城市发展的深度融合与迭代优化，从而实现国家、社会与城市的协调可持续发展。

这一理念与新加坡的智慧城市建设密切相关，因此，本书深入研究并借鉴了新加坡的智慧城市建设模式。通过结合湖北省自身发展的特点，利用智慧城市建设实现政府职能、城市管理、民生服务和企业经济的有机整合。我们将依托物联网和大数据技术，整合城市的各类信息数据，将物理城市与虚拟城市连接起来，向政府、企业和公众提供全面的综合信息应用服务。最终，形成一个以智能管理、智能服务和智能产业为核心内容的现代化、网络化、信息化、智能化的城市。

图 2-7 物联网与大数据应用

总之，智慧城市建设不仅可以显著提高城市的承载能力，实现资源环境的可持续发展，还能促进产业的转型升级，推动经济的健康发展。通过让政府、企业、公众等各个主体积极参与城市管理，智慧城市将使城市能够更好地应对各种挑战，提升居民的生活质量，使生活更加便捷和舒适[40-42]。

2.2.2 新型智慧城市建设的内涵

建设新型智慧城市的首要任务是促进城市数字经济的持续发展，以维护城市的健康成长。这一目标要求建立智能的城市经济结构和产业体系，构建一个高效的城市经济体系，使其充满活力、积极向上且和谐发展。其次，智能城市的建设需要依赖现代数字技术的支持，这不仅是解决现代社会各种问题的直接途径，更是推动整个数字城市发展的关键工具。通过将数字信息技术与人类的实际需求相结合，实现实体城市建设与虚拟网络的有效融合，如图 2-8 所示，可以促进智能城市治理、智能流量计算、智能生态学等多维智能应用的实现，最终建设一个稳定、舒适的新型城市，从而推动城市数字经济的发展[43]。

图 2-8　实体城市建设与虚拟网络融合

此外，新型智慧城市建设都是围绕满足城市管理需求展开的。在城市管理中，最重要的内容就是便民和服务。通过科学的管理，力求达到让生活在其中的人感到舒适的状态。城市管理的目标并不单一，而是要建设高水平、现代化的城市基础设施，提供亲民的服务，打造优美的城市环境，并推动生态文明的建设，形成健康宜居的生态城市（图 2-9）。智慧城市的建设最重

图 2-9　生态城市

要的一点在于满足生活在城市中的人们的工作和生活需求，让市民在城市生活和工作时能够享受到更为便捷的服务[44]。

新型智慧城市的建设必须以信息技术的广泛应用为基础。随着信息技术的不断更新换代，新型智慧城市的概念应运而生。通过有效整合信息与物理基础设施，所有行业都能够以数字形式进行转型，从而创造出更快、更高效的生活方式[45-46]。新型智慧城市建设的最终目标是通过互联网整合先进的通信与信息基础设施，实现信息数据的交换和数字资源的整合，从而支持城市公共事业、工业管理和可持续运营，最终创建一个美丽的新城市[47]。

2.2.3 新型智慧城市建设基本特征

新型智慧城市建设的基本特征在不同的研究和实践中得到了广泛的讨论与认可。根据 IBM 的观点，新型智慧城市应该具备三大特征，即感知化、互联化和智能化。这些特征不仅为新型智慧城市的理论框架提供了指导，也为具体的实施策略奠定了基础。通过调研分析和文献归纳整合，本书对新型智慧城市的特征进行了进一步的概括和深化，以期更全面地反映其内涵。

（1）信息无处不在。新型智慧城市的一个显著特征是信息无处不在。它综合了多种互联网产品的功能应用，在云计算和物联网技术的基础上进行组织架构设计，从而实现传感器与智能设备的全面结合。这种结合使得城市运营的核心数据能够通过物联网和移动终端不断被收集和传输。信息在城市运营过程中流动，信息无处不在（图 2-10），使得管理者能够及时获取所需的数据。在这一过程中，信息需求者不仅是信息的接收者，同时也是信息的提供者，形成了一种双向互动的信息交换机制。这种机制进一步增强了城市数据的共享与交换，提高了城市管理的效率。数据不仅被用于实时监测城市运行情况，还能进行全方位的监督和预测，使得城市管理更加科学和高效。这种信息的普遍存在，帮助市民更好地参与到城市治理和服务中，提升了他们的生活质量和参与感[48]。

图 2-10 信息无处不在

（2）多层面深度融合。在新型智慧城市的建设过程中，信息的收集与共享实现了多层面的深度融合。这种融合不仅体现在数据层面，更体现在系统架构、服务应用等多个层面（图 2-11）。城市运营系统通过集成各类数据，实现经济、文化、生活等社会信息与交通、环境、资源等物理信息的高度利用[49]。这种多层面深度融合，使得城市参与者能够实时监控自然环境和城市的运行状况，从而实现更有效的服务和管理。不同部门之间的数据共享与协作，不再是孤立的个体行为，而是形成了一个有机的整体。这种深度融合的模式，不仅提高了城市管理的效率，还促进了资源的合理配置，降低了城市运行成本[50]。

（3）明确人是主体。在新型智慧城市建设的过程中，人始终是主体（图 2-12）。这一特征强调了市民在智慧城市建设中的核心地位，建设的根本目标就是为市民的工作和生活带来便利。人是智慧城市建设的最大受益者，让人们的生活更加便捷和舒适，是智慧城市建设的核心目的。同时，这一特征也鼓励政府、企业和个人在城市智慧建设方面有所突破和创新。

通过激励机制的设计，智慧城市建设可以促使各类主体寻找到新的经济增长点，创造更多的市场就业机会。这不仅能增强城市的经济活力，还能推

图 2-11　多层面深度融合

动社会的全面发展。通过以人为本的设计理念，智慧城市可以更好地满足市民的需求，提高生活质量，增强市民的幸福感和获得感。

（4）加强协同运作。在新型智慧城市的建设中，基础设施的智能化应用促使城市各部门、各流程及每个人之间的有序协作。这种协同运转的模式能够显著提高工作效率，创造出更多的社会价值。在智慧城市的框架下，政府、企业、个人和各种组织与城市系统之间的关系被重新定义，过去单一的管理方式转变为多维的协作关系（图 2-13）。通过信息技术与其他要素的融合与共享，城市能够减少公共资源的无谓浪费。这种协同运作不仅提升了各部门之间的协作效率，还推动了资源的共享与优化配置。通过加强各方的沟通与协作，智慧城市能够实现更高水平的综合治理，提高整体运行效率。

图 2-12　人是智慧城市的主体

图 2-13　协同运作

（5）创新且可持续。新型智慧城市的建设是城市向数字化发展过程中的必要路径，体现了城市发展的创新性。只有通过持续创新，才能保持城市发展活力，确保城市建设的可持续性（图2–14）。在创新且可持续建设智慧城市的过程中，各种各样的困难与复杂问题不断出现，需要有针对性地寻求与制定解决方案。尤其是在政府部门的层面，创新精神至关重要。政府应积极探索适合本地实际情况的建设新型智慧城市的方法与措施，制定相关政策，以促进智慧城市的持续长效发展。这不仅涉及技术上的创新，也包括管理模式、服务方式和政策体系的创新。通过不断创新，智慧城市建设将能够更好地适应快速变化的社会环境和市民需求，实现长久的可持续发展。

图2–14 创新且可持续建设智慧城市

2.3 新型智慧城市建设框架体系及影响因素

2.3.1 新型智慧城市建设框架体系

新型智慧城市的框架设计不仅仅是为了确定智能城市建设之间的基本框

架结构，更是为了有效监管和指导智慧城市的整体建设过程。通过设立清晰的框架，可以在智慧城市建设过程中及早发现并纠正可能出现的错误和问题，从而确保城市发展按照既定的目标顺利推进。这种框架的建立是基于对城市生活各个方面的客观分析和准确把握，旨在通过系统化的设计，构建一个功能完善的新型智慧城市[51]。如图 2–15 所示，新型智慧城市的建设可从四个层次来进行。

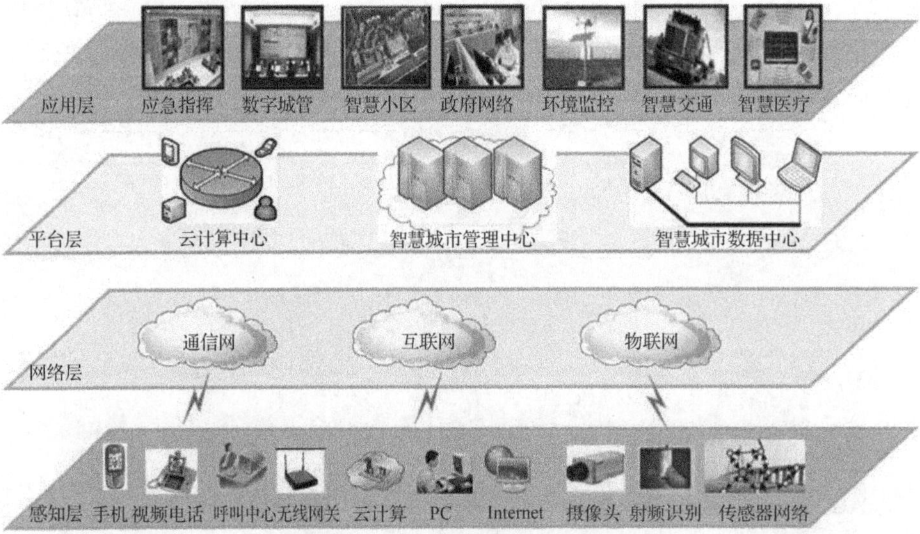

图 2–15　新型智慧城市建设框架体系

新型智慧城市的框架体系可以细分为四个关键层次：应用层、平台层、网络层和感知层。这一分层设计不仅有助于理清各个层次之间的关系，还能有效促进不同功能模块的协同工作，从而提升整体系统的运行效率。

感知层是整个框架的基础，主要负责对每一个物体的识别和多方信息的收集。具体来说，这一层利用各种传感器、摄像头和物联网设备等先进设施，对城市中的人、物、环境进行实时监测与数据采集。通过感知层，智慧城市能够获取大量的原始数据，如交通流量、环境质量、公共设施的使用情况等。这些信息为后续的数据分析和决策提供了坚实的基础。

网络层在整个智慧城市框架中担任了至关重要的角色，主要负责各类设备的网络接入和信息资料的传递输送。网络层确保了感知层收集到的数据能够高效地传输到各个相关的处理和分析平台。这一层的设计需考虑到数据传输的速度、稳定性和安全性，以保障城市各项系统在实时运行中的有效性。同时，网络层的建设也应兼顾未来的扩展性，以适应新设备和新技术的不断涌现。

随后是平台层，这一层的核心任务是完成各项信息的分析、处理和决策。通过对来自感知层的大量数据进行深入分析，平台层能够提炼出有价值的信息，帮助决策者做出科学的判断。这一层的设计需要考虑到数据处理的复杂性和多样性，确保能够应用先进的算法和模型，对数据进行精确分析。同时，平台层应具备良好的用户界面，以便于政府、企业及市民等不同用户群体能够方便地获取和使用相关信息。

应用层是整个框架的最终实现层，专注于将前面各层处理和分析后获得的信息转化为具体的智能化服务任务。在这一层，各类智能应用程序和服务被开发和部署，以满足城市管理、公共服务、交通调度等方面的需求。通过应用层，市民可以体验到便捷的生活服务，如智能交通引导、环境监测预警、公共服务查询等，进一步提升了城市的生活质量。

2.3.2 新型智慧城市建设的主要影响因素

（1）城市基础设施水平。新型智慧城市的建设离不开传统产业作为发展基础。在湖北省，食品、造纸、纺织等相关产业构成了城市经济的根基。当前，新兴产业的建设大多是在传统工业技术的基础上进行创新的，努力推动智能城市的建设。图 2-16 为某城市基础建设情况。因此，传统产业向新兴产业的转型升级，对新型智慧城市建设起到了积极的推动作用。在当今大数据技术快速发展的背景下，信息互联技术显著缩短了城市功能的运行时间，降低了城市运行成本，进而提升了城市运行效率。城市中供电、供热、供气等能源设施系统的有效运作，直接关系到城市居民生活的便捷性和智能化水平。同时，城市交通运输状况也对居民的生活产生深远影响。通过智慧化手段改善交通设施，能够使智能交通系统有效处理复杂的城市交通信息和实现互联通信。此外，基于信息技术的医疗行业也能够借助物联网等技术，促使居民与医院之间的高效互动，从而为城市居民的健康提供更为便捷的支持，这无疑为智慧城市的建设增添了新的动力[52]。

图 2-16　城市基础建设

（2）经济和创新能力。新型智慧城市的建设标志着城市发展道路上的一次跨越性变革。为了实现这一目标，城市必须具备足够的经济实力，以应对产业升级所需的资金保障。因此，经济条件对智慧城市的建设至关重要，因为经济水平直接决定了城市建设的资金投入和建设方式。这也是为什么世界上许多智慧城市的发展往往是从经济实力强大的城市开始的。新型智慧城市建设的核心在于创新，尤其是科技创新，创新是智慧城市发展的原动力，也是推动产业数字化转型的基础。为了在激烈的市场竞争中取得优势，城市需要通过不断的创新来提高自身的竞争力，确保在新型智慧城市建设过程中能够有效利用现有资源，并创造出更多的价值。

（3）技术支持能力。新型智慧城市的建设需要有效整合城市各系统，实现各功能的协调运行。在这方面，物联网技术发挥着重要作用，它使得城市中的各子系统能够相互感应，并利用传感与互联技术进行支持。通过物联网技术，城市基础设施和智能终端设备得以整合，形成一个交互的网络，实现城市的全面互联。例如，Wi-Fi、智能家居等服务（图 2-17）不仅提高了城市的智能化程度，还为新型智慧城市的建设奠定了基础。此外，云计算技术的应用显著提高了城市各功能系统的运行速度，有助于对整合数据进行信息存储和管理分析，从而提升智慧化程度。大数据系统则汇聚了各领域的知识和经验，为未来可能出现的类似问题提供了有效的参考范本，从而节约了各类资金成本的投入。通过对技术支持能力的不断增强，智慧城市能够更有效地应对城市发展过程中遇到的各种挑战[53]。

图 2-17 技术支持

（4）政策环境。在新型智慧城市的建设中，政府起着至关重要的领导作用。政府需要对新型智慧城市的发展进行指导，协调各方利益，以确保城市在经济、社会、文化和环境发展方面的平衡。根据湖北省政府已颁布的相关政策法规，各行业应遵循政策导向，积极推动行业的数字化和智能化发展。政府对城市发展规划的合理制定，以及对城市土地等资源的合理利用，能够大幅度减少城市新建所需的规划设计时间和资金成本。此外，政府在对产业发展的规范整顿中，亦对新兴产业的发展和城市的转型升级起到了不可忽视的作用。新兴信息产业的发展被认为是推动新型智慧城市建设的最有效驱动力。然而，在市场尚未完全接纳新兴产业之前，产业发展往往难以从传统融资模式中获得足够的资金支持，因此，政府需要出台相关的扶持政策来促进新兴产业的成长。在智慧城市建设的过程中，增加新型智慧城市的相关推广宣传，提高居民对智慧应用的了解程度，能够有效促进居民与新型智慧城市的融合，如图 2-18 所示。这不仅会加速智慧城市建设的进程，也将对其更好地发挥作用起到积极的推动作用。

图 2-18　政策支持推动居民与新型智慧城市的融合

2.4　新型智慧城市建设情况及模式分析

2.4.1　国内外智慧城市建设情况

在全球范围内，智慧城市的发展水平和实施情况存在显著差异，许多国家凭借雄厚的经济实力和先进的科技实力，积极推进智慧城市的建设与发展。

1. 国外各国智慧城市发展情况

（1）美国。美国作为全球经济和科技的强国，其智慧城市建设也显示出强大的实力和广阔的前景。早在 2009 年，美国爱荷华州的迪比克便建成了其最早的智慧城市，这一里程碑式的项目为其他城市的智慧化转型提供了宝贵的经验。2013 年，该地区首次应用智能电力技术，标志着美国在智能基础设施方面的又一重要进展。同年，哥伦布市因其卓越的智慧城市建设被全球智慧论坛评选为“世界七大智慧城市”之一。哥伦布的智慧城市建设以信息基础设施的有效配置、绿色可持续发展策略以及新型创新模式为主要特点，这些优势使其在智慧城市的竞赛中始终保持领先地位[54-55]。美国的许多城市正在积极探索利用智能技术提升公共服务和城市治理的方式。例如，洛杉矶（图 2-19）通过智能交通系统来减少交通拥堵，提高城市的交通效率。而在底特律，智慧城市计划致力于利用数据分析提升城市服务，改善居民的生活质量。通过实施这些创新项目，美国各城市正在推动数字化转型，使城市更具智慧。

图 2-19 洛杉矶智慧城市建设

（2）新加坡。新加坡在智慧城市建设方面同样走在了世界前列。2015 年 6 月，新加坡政府发布了“智慧国 2015”（Intelligent Nation 2015，iN2015）计划，制定了一项为期十年的发展计划，旨在利用互联网、物联网等信息技术，将新加坡建设成为一个智慧的城市花园（图 2-20）。新加坡政府期望为居民创造一个环境优美、生活舒适的居住环境，并力争将其建设成为经济和社会发展的国际一流城市[56]。近年来，通过对信息通信技术（Information Communication Technology，ICT）的运用，新加坡致力于在电子政府、智慧城市和互联互通方面建设智慧城市，在这些方面的加大投入和建设步伐使得其在世界各大智慧城市评选上屡获殊荣，还取得了联合国电子政府调查特别奖等多个国际荣誉[57]。新加坡的智慧城市项目包括智能交通系统、智慧住房、智慧环境监测等，这些项目不仅提升了城市的运营效率，还改善了居民的生活质量。例如，智能交通系统通过实时监测交通流量和信号控制，减少了交通拥堵的发生；智慧环保监测系统则通过物联网技术实时收集空气和水质数据，提高了环境治理的效率。

图 2-20　新加坡智慧城市建设

（3）日本。日本于2009年7月启动的智能日本计划，旨在通过发展和扩展信息技术，使其应用渗透到日常生活的各个方面。该计划的核心目标是提供优质的公共服务，提升国民的生活品质。日本的智慧政府建设主要集中在三个核心领域：电子政务、医疗卫生和教育人才培养。到2012年7月，日本提出了新的战略规划，明确将发展重心转移至云计算、传感器和社会化媒体等智能技术的发展。这一转型不仅标志着对未来城市发展方向的重新思考，还提出了新兴科学技术和通信信息技术的国家标准化建设的要求，推动了智慧城市的深入发展[58]。日本（图 2-21）还通过智能交通系统、智能家居和智慧医疗等项目推动智慧城市的发展。智能交通系统的应用减少了交通事故的发生，提高了通行效率；而智慧医疗项目则利用远程医疗技术，为居民提供更为便利的医疗服务，尤其是在偏远地区。这些努力表明，日本在智慧城市建设方面不断创新，以提升居民的生活品质。

图 2-21　日本智慧城市建设

（4）韩国。韩国的智慧城市建设主要集中在公共通信平台的建设和整合上。通过“无处不在”的网络接入，韩国市民真正体验到了高科技通信信息技术带来的便利，尤其在远程学习、远程康复理疗和远程业务办理等民生服务上实现了质的飞跃。以医疗服务为例，未来的医生可以利用专门的医疗装置，通过智慧网络随时了解病人的病情，并通过远程视频系统实现看病开方的便捷方式。这种医疗服务的智能化使得市民能够在家中享受到高质量的医疗服务，极大地提升了生活质量。韩国政府于2011年6月正式提出了实现“智能绿色城市”的具体发展目标（图 2-22），通过智慧城市建设来实现城市绿色环保，促进新兴产业的发展，并改善市民的生活环境。韩国积极运用科技手段，利用信息化数据分析来应对气候变化和环境问题。这种创新思维在一定程度上推动了韩国在全球智慧城市建设中的领先地位。

图 2-22　韩国智慧城市建设

（5）欧洲国家。在欧洲，智慧城市建设同样呈现出蓬勃发展的趋势。以阿姆斯特丹为例，该市通过智慧交通系统和可持续发展的城市设计，努力实现绿色低碳城市目标（图 2-23）。阿姆斯特丹的智慧交通系统利用实时数据

图 2-23　阿姆斯特丹智慧城市建设

来优化交通流量，减少拥堵，并鼓励市民使用公共交通和自行车出行。城市还通过智能电网和可再生能源的广泛应用，提高了能源使用效率，实现了环境保护与城市发展的双赢。

另外，巴塞罗那作为西班牙的一座智慧城市，利用物联网技术实现城市各项基础设施的互联互通（图 2–24）。通过传感器和智能设备，巴塞罗那在交通、环保、公共安全等领域取得了显著成效。城市的智能照明系统能够根据周围环境的光照变化自动调节亮度，从而节省了能源消耗。巴塞罗那还通过数字化平台增强了市民与政府之间的互动，提升了公共服务的透明度和效率。

图 2–24　巴塞罗那智慧城市建设

（6）澳大利亚。在澳大利亚，墨尔本和悉尼等城市积极推动智慧城市的建设。墨尔本通过“智慧城市战略”计划，致力于提升城市的数字化水平和可持续发展能力（图 2–25）。该战略涵盖了交通、住房、环境等多个领域，推动智能建筑、智慧交通等项目的实施。墨尔本的智能交通系统通过实时数据分析，优化了公共交通的运作，提高了乘客的出行体验。

图 2-25 墨尔本智慧城市建设

悉尼则通过“悉尼智慧城市战略”提升城市的数字化管理水平，计划在城市的基础设施中广泛应用信息技术。悉尼的智慧城市项目包括智能水务管理、智能能源管理和智慧社区等，利用物联网和大数据技术来提升城市的管理效率和居民的生活质量（图 2-26）。

尽管各国在智慧城市建设方面取得了显著进展，但仍面临诸多共同挑战。例如，数据隐私和安全问题在全球范围内都成为智慧城市发展的瓶颈。随着数据收集和处理的增加，如何有效保护居民的个人信息成为一个亟待解决的问题。此外，各国在智慧城市建设过程中还需要克服技术标准不统一、基础设施不完善等问题，以确保城市的可持续发展。

2. 我国各省市智慧城市的发展情况

（1）北京。北京是我国较早开始进行智慧城市规划建设的城市（图 2-27），对于很多城市的智慧城市建设都有着很大的借鉴意义。北京市政府在 2013 年与相关卫星导航企业共同投资三亿元在北京建设北斗公共平台，这个公共平台是我国第一个已经落实了的为智慧城市服务的专项平台，

图 2-26　悉尼智慧城市建设

图 2-27　北京智慧城市建设

该平台立足北京智慧城市建设，同时兼具服务全国的作用，能够为政府提供智慧政务管理，为企业提供智慧工业应用，也能为市民民生提供相关智慧服务[59-60]。

（2）上海。上海一直是我国发展的弄潮儿，在智慧城市建设上自然也不甘示弱，2004年智慧城市的概念还没有得到广泛的推广，但上海提出了建设“信息港”的战略目标，这实际上为未来智慧城市的建设奠定了基础和铺平道路。上海的信息港目标是要建设地区性的信息高速公路。近年来，上海市在政府工作报告中明确指出，上海建设成为现代化国际大都市离不开智慧城市建设（图2–28），上海在城市数字化方面要始终而且必须走在全国前列。上海信息技术手段发展迅速，“三网融合”步伐加快，现在又在加快推进城市光纤宽带网、新亚太海底光缆系统、下一代广播电视网络系统等信息通信系统建设，还提出了要从三个方面打造智慧上海建设，并将其归纳为可持续的上海、高效的上海、安全的上海[61–62]。

图2–28　上海智慧城市建设

（3）广东省。广东省聚集了众多的高新科技公司和新兴企业，为智慧广东的发展提供了良好的基础条件。广东势必要走在全国智慧城市建设的前列，2012年为更好地打造智慧深圳，广东省政府通过了《智慧城市规划纲要》，其中包括一站式智慧门户项目、一站式公共信息服务网站等一系列重大项目，计划在各方努力下打造“智慧深圳”[63]；2016 年，经过数年的智慧广东探索，广东提出了“努力建设国家新型智慧城市标杆城市”的目标，成立了新型智慧城市建设领导和工作小组，针对性地加强各领域的体制机制创新，有效保障广东智慧城市建设的顺利推进。深圳市政府于 2016 年启动了“智慧深圳”建设项目，聚焦智能交通、智慧医疗、智慧安防等领域，力求通过物联网、大数据和人工智能等技术提升城市管理和服务水平（图 2–29）。深圳在推进智慧城市建设过程中，还注重与市民的互动，借助社区平台开展智慧城市的宣传与教育，鼓励市民积极参与到城市建设中来。

图 2–29　深圳智慧城市建设

（4）江苏省。2017 年 2 月，江苏省南京市政府发布了《南京市“十三五”智慧城市发展规划》，在该规划中，南京市政府提出建设一批重点智能产业基地，打造高科技前沿智能技术项目，推动江苏南京智能产业发展（图 2–30）。在南京成为全国创新型试点城市后，市政府提出了智慧南京的四大建设方向，主要包括基础设施建设、产业建设、政府建设和文化建设。

通过江苏省政府的统一规划和引领，增强江苏城市各项智慧信息基础设施建设，为智慧城市的打造做好准备，同时由于江苏多个城市的历史文化底蕴深厚，无论如何都应该将其融入智慧城市建设中，并且让其成为江苏智慧城市打造的特色亮点，进而推进江苏的各项产业发展[64]。

图 2-30 南京智慧城市建设

（5）天津。为了加快智慧天津的建设，“十三五”期间，天津已经投入了2800亿元用于重点推进智慧化城市建设的重要信息基础设施和一批“云”示范项目，通过这些“云”可以完成很多智慧应用（图 2-31），将天津市民的生活切实连接和沟通起来，为市民带来更加便捷舒适的生活环境，天津力图构建起“泛在、宽带、融合、智慧、安全”的新一代信息通信网络体系[65]。2017年，天津市政府培育形成了若干新型产业群，给市民的生活生产方式带来了极大的改变，让天津市民进入了智慧生活的生活环境。

图 2-31 天津智慧城市建设

2.4.2 新型智慧城市建设模式分析

新型智慧城市建设已成为全世界所有国家共同发展的目标，伴随着科技进步和全球城市化进程的加快，中国的新型智慧城市建设也在如火如荼地进行。据统计，自 2015 年以来，中国全国新型智慧城市试点城市数量已增至 108 个。截至 2024 年年初，住房和城乡建设部公布的新型智慧城市试点数量已达 360 个，其中，中东部地区继续保持领先，西部地区正在迅速跟进并加快建设步伐。当前，中国新型智慧城市建设已从理论概念的研究逐渐走向实质性建设阶段，形成了诸多可供借鉴的成功经验和有效模式[66-70]。在这一过程中，各地智慧城市建设的推进不仅体现了政府的政策引导和支持，也反映出不同城市根据自身特色和需求选择的建设路径和发展策略。根据区域环境的不同、管理机制的差异以及资源的特征，各地在新型智慧城市建设中探索出了一系列适合自身发展的模式。例如，南方城市更注重在气候适应性、可持续性方面的应用，而北方城市则倾向于提升基础设施的智能化水平和能源管理的高效性。

通过总结国内外典型代表城市的建设经验，对湖北建设新型智慧城市具有重要的参考价值和意义。例如，国外的许多先进城市如新加坡、东京和巴萨罗那在智慧城市建设中，都充分利用了信息通信技术、物联网、大数据分析等手段，来优化城市管理，提高公共服务质量，促进居民的生活便利。这些成功案例提供了丰富的实践经验，可以为湖北地区在智慧城市建设中找到合适的借鉴模式和技术路径。

表 2–1 列举了亚洲典型城市的新型智慧城市的主要建设模式。

表 2–1　新型智慧城市模式对比

主要模式	代表城市	优点	缺点
创新驱动型	首尔	技术含量高，环境友好，资源节约，可持续性强	前期投入大，作用缓慢，对高智力依赖性强
投资拉动型	宁波	直接作用强，见效速度快，带动力强	持续性差，对技术进步和就业促进作用有限
全面推进型	东京	多领域整合，实现城市资源高效配置与使用，提升城市运行效率	需要强大的协调能力，管理复杂度高，面临各类利益冲突的挑战
自上而下型	新加坡	前瞻性好，循序渐进，协调有序	适用于信息化整体水平较高的城市，容易滋生腐败
技术先导型	深圳	借助技术创新推动医疗服务优化，提高医疗效率和居民健康水平	技术应用成本高，对技术基础设施依赖性大，数字鸿沟风险

城市建设模式是在特定城市发展背景和环境下形成的，这些模式与城市的空间环境、发展目标、现有政策以及资源配置相匹配。它们不仅通过一系列内部和外部的结构反映出来，而且也是市场选择和制度设计相互作用的结果。城市建设模式在城市发展战略的实施中起着至关重要的作用，它能够引导资源的合理配置和使用，确保城市的可持续发展。此外，城市建设模式也是其自身发展路径和模式的合理选择。

对比总结国内外典型智慧城市建设模式，通过专家访谈和综合分析，可以确定影响新型智慧城市建设模式的主要因素。这些因素包括时代背景、客观环境、经济水平、自然要素、城市管理水平、创新能力以及资源配置方式等。例如，随着全球化和信息技术的迅猛发展，许多城市面临着新的机遇和挑战，因而在制定智慧城市建设方案时，必须考虑到这些时代背景下的特殊需求和目标。

新型智慧城市建设模式的制定，实际上是对成功的智慧城市建设方案进行经验总结和改进的过程。在选择新型智慧城市建设模式时，必须避免采取“一刀切”的单一模式[71]。不同城市在发展阶段、社会经济状况、文化背景等方面存在差异，因此，应根据具体城市的实际情况，灵活采用多种建设模式相结合的方式，以实现最佳效果（图2–32）。

图2–32 新型智慧城市建设模式

新型智慧城市建设往往具有投资大、周期长、公共性质等显著特征。因此，在这一过程中，政府通常发挥主导作用，通过政策引导和资金支持来推动智慧城市的建设。政府的参与不仅可以保障项目的顺利进行，还能通过合理的规划和管理促进不同利益相关者之间的协调与合作。

此外，在新型智慧城市建设的不同阶段，必须学会根据建设过程中的实际情况，及时调整和优化建设模式。这种灵活应变的能力能够帮助城市更好地适应外部环境的变化，确保项目的可持续性和有效性。例如，在初期阶段可能需要强调基础设施建设，而在后期阶段则应关注服务的提升和技术的创新。因此，建设模式的选择和调整应以城市发展的整体目标为导向，确保智慧城市建设能够真正惠及市民，提升城市的综合竞争力。

第3章

湖北新型智慧城市发展现状、问题与需求

3.1 湖北省智慧城市发展现状

3.1.1 智慧湖北基础架构初具雏形

随着“宽带中国”“促进信息消费”“互联网 +”等一系列支持信息化战略的相继提出，湖北省政府在城市信息化建设方面的重视程度不断加深。“十三五”期间，湖北省各级政府相继提出并实施智慧城市战略，将信息化建设的范围从传统的行政事业单位拓展到整个社会，旨在更好地服务于经济社会发展，便利人民群众的生产和生活。特别是自“十四五”以来，湖北省进一步加强了数字经济发展的力度，各级县市政府纷纷成立智慧城市建设管理办公室，以数字化和智慧化引领新型智慧城市建设，努力走出一条信息共享、资源集约、深度融合、科学规范的信息化建设之路[72]。

1. 信息基础设施建设步伐加快

在基础信息网络建设方面，湖北省已基本建成覆盖全区、通达镇村、技术先进、架构合理的立体化综合信息传送网络，如图 3-1 所示。这一网络的形成，不仅使得湖北省的信息基础设施更加完善，而且为各类信息的快速传输和处理奠定了坚实的基础。新的信息网络架构以高速光纤网络、第四代移动通信网络等新一代信息技术为依托，构建起崭新的信息传播格局，为智慧湖北的发展提供了重要支撑。

这一网络的建设不仅仅是技术层面的提升，更是推动经济社会全面发展的关键。随着信息传输的便捷性提高，湖北省各地的信息化应用不断增加，形成了良好的信息传播生态。这一生态的建立，为各类商业模式创新、数字经济发展以及居民生活便利化创造了条件。同时，在信息基础设施建设过程中，湖北省还注重引入先进的技术和理念，积极探索与国际接轨的可能性，为未来的智慧城市发展奠定了坚实的基础[73]。

图 3-1 信息基础设施建设

2. 平台支撑能力全面提升

伴随着湖北省各级政府智慧“政务云”项目的初步建成并投入使用，未来将逐步实现信息基础设施的共建共享、资源节约、专业运维和保障升级（图 3-2）。此举不仅提升了全省的信息化建设统筹发展水平，也增强了各级政府在资源配置和管理效率方面的能力。通过建立统一的云平台，湖北省可以更好地整合各类资源，提升服务的效率和质量。

这一系列平台的建设，将极大地促进政府服务的智能化，推动社会各界的深度参与，增强政府与市民之间的互动。同时，湖北省在提升信息平台能力的过程中，也注重用户体验的改善，力求通过技术手段提升公众的满意度。此外，随着信息化建设的不断深入，湖北省还将不断探索新的服务模式，以满足不同群体的需求，确保信息技术的应用更好地服务于社会经济发展[74]。

图 3-2 “政务云”平台建设

3.1.2 智慧城市应用领域不断拓展

为打造“网上全域湖北”，突破公共服务领域资源配置不均、城市管理效率低下、传统产业增长动能衰减等难题，各种智慧应用在全省各级部门得到广泛推广，推动政务、民生、产业三大领域向资源高效配置、要素高效运行的全新发展阶段迈进[75]。

1. 政务领域智慧应用探索持续深化

在政务服务方面，湖北省各级政务服务中心已成功实现了“一号一窗一网”的服务模式，同时还建立了功能齐全的网上办事大厅（图 3-3）。这种多渠道的沟通方式极大地提高了政府的服务效率，居民可以通过在线平台进行各类业务的申请和查询[76]。此外，政府还积极推出在线投诉等服务，方便公众反馈和建议。政务微博、微信公众号和移动应用的相继推出，对政府提高政务服务能力发挥了积极作用，使得信息传播更加迅速，公众参与政务的热情也随之提高。

图 3-3 政务领域智慧应用

在城市治理方面，各级政府及其委办局积极开展信息化相关应用。例如，环保局建立了污染源实时监控平台和移动执法平台，以确保环境保护工作能够及时、有效地进行。市场监管局则将日常食品安全作为重点，构建了食品追溯系统，使得消费者能够更加放心地购买食品。城建局也在加快推进“智慧工地”项目，利用现代信息技术实现对建筑工地的有效管理，如图 3-4 所示，智慧工地模拟场景。同时，地下管网三维可视化管理平台的建设，使得城市基础设施的管理更加科学。在这一系列措施的推动下，各类智慧应用均取得了显著成效，促进了政务透明化和高效化。

2. 民生领域智慧应用建设持续推进

在社会保障方面，湖北省的各社区、街镇社保中心正逐步实现全面覆盖，未来将能够实现全区社保信息查询、社保缴费等业务的随时随地自助办理。这种便捷的服务将极大提升居民对社会保障服务的满意度，确保社会保障体系的有效运转。

图 3-4　智慧工地模拟场景

在医疗领域，医院信息系统、电子病历系统等基层医疗机构的信息管理系统也在进一步普及，这不仅提升了医疗服务的效率，也为居民提供了更加便捷的就医体验。通过建立统一的医疗信息平台，患者可以方便地获取自己的病历信息，缩短就医等待时间，提高医疗服务质量。

在旅游方面，湖北省拥有丰富的旅游资源和浓厚的人文历史氛围。然而，尽管旅游设备及相关信息化基础建设稳步发展，“智慧旅游”项目仍有待进一步提升。未来，政府将加大对智慧旅游项目的投入，利用数字技术拉动湖北省旅游产业的 GDP 及相关产业的快速发展（图 3-5），助力经济的全面增长[77]。

3. 各级地市州县城市管理模式创新效果显著

湖北省正在建设网格化社会服务与管理平台，该平台对网格内人员、房屋、法人、事件等信息进行系统化采集、绑定、管理和维护，并定期更新，以实现社会管理的智能化和信息化。这种管理模式的创新，将社会管理从传统的条块分治转向整体化管理，极大地提高了管理的效率和响应速度。同时，普及社会管理领域的信息化和智慧应用，使得小事可以在网格内得到及时解决，有助于维护社会的稳定和谐[78]。

图 3-5 民生领域智慧化

在此过程中，“平安湖北”“智慧城管”“智慧安监”“应急指挥”“网络投诉处置”等城市现代治理信息化方式不断普及，这些措施不仅提升了城市管理的智能化水平（图 3-6），也使得市民在遇到问题时能够快速获得帮助，从而增强了居民的安全感和满意度。

图 3-6 城市管理智慧化

4. 产业领域智慧应用推广渐成规模

在湖北省的农业生产领域，整合全省的专家资源，为农民提供关于农资、农技等方面的信息服务，助力农民提高生产效率和产品质量[79]。此外，湖北省在农业信息化建设上也加大了投入，推动传统农业向现代农业转型。

在工业制造领域，“两化融合”的步伐显著加快，形成生产规模的工业企业开始积极引入信息化技术，以优化生产流程，提高整体生产效率。各类信息化应用，如自动化办公系统、企业资源计划系统（Enterprise Resource Planning，ERP）、计算机辅助设计（Computer-Aided Design，CAD）、辅助制造（Computer-Aided Manufacturing，CAM）和制造执行系统（Manufacturing Execution System，MES）等，正在广泛应用于各个行业，推动企业的数字化转型。

此外，电子商务领域的建设也在稳步推进，湖北省新建了大批电子商务产业园，为地方经济注入了新的活力。这些产业园不仅为本地企业提供了良好的发展环境，还吸引了众多外部投资者的关注，促进了地方经济的快速增长。在各类智慧应用的推广下，湖北省的产业领域正在逐步向高效、智能化方向迈进，如工业领域智慧化（图 3-7），为实现经济高质量发展奠定了坚实的基础。

图 3-7　工业领域智慧化

3.2 湖北新型智慧城市建设存在的问题

智慧湖北建设仍普遍面临着一些亟待解决的问题，如纵向支撑为主、分散建设及难以整合的难题。这些问题的存在，使得各项建设的协调性和统一性受到影响，尤其是在不同领域和部门之间的合作。与此同时，各行业和建设标准参差不齐，缺乏统一的规范，导致在实施过程中出现了诸多障碍。此外，在电子政务的发展过程中，业务流程创新和制度创新的相对缺乏，使得部门间的横向壁垒难以打通。这种情况下，信息化应用服务呈现出“纵强横弱”的局面，即在纵向支持方面表现出一定的强度，但在横向协同方面却显得薄弱，服务的单一性明显，多数服务仍停留在基础层面，缺乏协同型服务的有效整合和推动[80-81]。

为了深入了解这一现状，通过调研湖北省多个地市、州和县，综合分析了智慧湖北建设中普遍存在的共性问题。经过细致的归纳与总结，这些问题被归纳为以下六个方面。这些共性问题的识别，为后续的改进和优化提供了重要依据，也为推动智慧湖北的高质量发展奠定了基础。

3.2.1 基础信息网络和信息采集网络尚不健全

在基础信息网络建设方面，湖北省各市州县尤其是一些偏远地区的光纤宽带接入和无线网络覆盖仍然存在明显的盲区，这使得移动通信服务尚未能实现全域覆盖。许多公共场所的 Wi-Fi 覆盖也远远不足，无法满足公众日益增长的上网需求。具体而言，一些乡镇和偏远区域基础信息网络尚不健全（图 3-8），仍然缺乏稳定的网络接入，这不仅影响了居民的日常生活，也制约了当地经济的数字化转型和发展。

图 3-8　基础信息网络尚不健全

此外，在政务网络的建设上，部分市州县的政务专网仅覆盖了少数政府部门，这种现象显著影响了政府部门内部的数据安全流通和业务高效联动。在信息化程度相对较低的地方，部门之间的信息交流受阻，导致了资源的浪费和服务效率的降低。政府各部门在业务协同与数据共享方面的障碍，往往使得政策执行和公共服务的有效性大打折扣[82]。

在信息采集网络方面，各部门在基础数据采集的过程中仍然大量依赖人工录入方式，信息采集方式仍然落后（图 3-9），这不仅增加了人力成本，

图 3-9　信息采集方式仍然落后

也容易导致数据的准确性和及时性受到影响。同时，缺乏移动手持数据采集终端的现象也显著制约了数据采集的效率[83]。此外，物联网技术的应用在湖北省仍然比较缺乏，尤其是在水位、水质、电力监测等关键领域，相关的智能监测应用尚未得到广泛推广。整体来看，信息采集网络的建设亟待加强，以提升数据采集的质量和效率，助力智慧湖北的建设目标。

3.2.2 智慧应用建设缺乏顶层设计和统筹整合

在“十三五”期间，湖北省的信息化建设未能纳入全区统一规划，导致整个智慧应用的建设缺乏有效的顶层设计与统筹整合。截至目前，各市州县的相关部门在推进智慧应用时，主要采取的是各业务部门自上而下的纵向管理模式，而对不同部门之间的横向整合考虑不足，智慧应用建设缺乏顶层设计（图 3–10）。这种管理模式不仅未能有效促进部门间的协作与信息共享，反而加剧了信息系统的割裂和孤岛化现象，形成了“纵强横弱”的局面。

图 3–10 智慧应用建设缺乏顶层设计

一方面，各类信息系统之间的相互独立性使得数据共享变得困难，造成了信息资源的严重浪费，限制了数据的综合利用与分析能力。信息孤岛的出现使得决策者在获取全面、准确的信息时受到制约，进而影响了政策的制定与实施效率。另一方面，重复建设的问题在湖北省也尤为严重，许多部门在智慧应用建设中未能进行有效的统筹规划，导致了财政资金的浪费。例如，在视频监控系统的建设中，部分市州县的公安局、综治办、教育局、国土局等部门之间存在较大的整合空间，但由于缺乏有效的协作机制，导致同一业务的不同部门之间出现了重复建设的现象。

此外，网格化管理相关服务模式与其他政务服务之间并未实现完全连接，进一步加剧了各部门在信息化建设上的分散与割裂。这种重复性工作的存在不仅浪费了大量的人力物力，也降低了政府部门在服务公众时的效率。因此，在未来的智慧应用建设中，亟待加强顶层设计和统筹整合，构建各部门协同合作的工作格局，以实现信息化资源的优化配置和高效利用。

3.2.3 数据资源和共享体系尚不完备

在基础数据资源方面，湖北省的人口、法人、空间地理以及宏观经济四大基础数据库尚未实现完全统一的建立。这一问题的根源主要有两个原因。首先，许多部门所使用的业务系统是由上级部门垂直管理的系统。这些系统虽然在一定程度上负责数据的收集与上报，但并未对收集到的数据进行有效的存储和备份，导致数据资源无法得到充分的保存与利用。其次，庞大的数据量分散在不同的信息系统、电子表格和纸质文件中，这些数据缺乏有效的归纳整理与利用，严重影响了数据的可访问性和应用价值[84]。

从数据交换与共享渠道的角度来看，当前的状况同样令人担忧。一方面，各部门之间的数据资源管理面临机制壁垒，这使得数据的互通与共享受到限制；另一方面，缺乏安全、高效的数据资源共享信息化平台也成为制约数据共享的重要因素（图 3-11）。由于这些因素的影响，基础数据在跨部门调用时的效率相对较低，无法满足政府决策和公众服务的需求。同时，数据的安全性也未能得到有效保障，增加了信息泄露和滥用的风险。因此，建立健全的数据资源和共享体系，提升数据整合与利用的效率，是湖北省当前亟待解决的问题。

图 3-11 数据资源共享体系尚不完备

3.2.4 跨部门协同联动机制缺失

随着信息化发展逐步向纵向推进，涉及多个部门的业务协同与联动变得愈加频繁。例如，城市市容整治、环境治理、工商执法等工作，均需要不同部门的密切配合与共同推进。然而，当前湖北省市州县尚未建立完善的跨部门协同机制，使得各部门之间的数据无法实现直接共享，协同工作的效率受到显著影响。各个部门在业务开展过程中，缺乏有效的沟通与交流渠道，导致信息传递不畅，决策过程中的协同管理效率大大降低，往往需要耗费更多的时间和精力来协调和解决问题。

此外，各部门各自为政的局面进一步加剧了跨部门协同的难度，使得原本应该高效联动的工作变得复杂而低效。没有建立起有效的协同联动机制，部门之间的信息流动不畅、决策过程不协调，导致重复工作现象时有发生，影响了政府工作效率的提升。因此，建立科学合理的跨部门协同机制，促进信息共享与沟通，提升整体工作效率，是当前亟待解决的任务。

3.2.5 信息化支撑应急响应与协调指挥能力不足

经调研发现，在湖北省智慧城市发展进程中，应急响应与协调指挥的信息化支撑存在短板。目前，多数市州县仅公安分局建有城市视频监控应急指挥中心，在常规安全监控方面发挥一定作用。但面对山洪、城市内涝等重大突发事件时，尚不能迅速反应。

从体系建设看，全省普遍缺乏完善的城市应急综合指挥体系。应急通信网络存在信号盲区，偏远或受灾区域通信受阻；联合指挥平台功能简陋，难以为决策提供精准数据支撑；联动响应机制混乱，部门间职责不清、协同不畅。在智慧城市关键的事前预防、事中指挥、事后善后环节，信息化支撑均严重不足，难以实现风险精准预警、资源高效调配、数据科学统计，成为制约湖北省智慧城市应急管理发展的瓶颈，亟待破局。

3.2.6 智慧湖北建设资金和人才支持薄弱

在资金支持方面，首先，由于三年新冠疫情的影响，湖北的经济受到重创，目前尚未完全恢复。因此，湖北省的信息化建设主要依赖于各条线主管部门的专项拨款，但各级财政对这一领域的支持并不是无条件的，这使得资金来源相对紧张。其次，现有的大多数信息化项目运营仍然采用传统的模式，缺乏市场的长效运营机制，导致资本市场参与的积极性不高，从而进一步限制了项目的资金投入和发展。

在人才支持方面，湖北省各级市州县政府目前均面临较为严重的信息化人才短缺问题。这种人才缺乏现象直接影响了多个业务系统的正常运转，导致政府在推进智慧湖北建设过程中遇到障碍。此外，针对湖北省的信息化建设，相关的培训机制和人才引进机制尚不健全，导致基层政府工作人员在信息化素质方面亟待提升。因此，建立完善的资金支持和人才引进机制，提升信息化领域的人才储备，成为推动智慧湖北建设的重要任务。

3.3 湖北省新型智慧城市的需求分析

3.3.1 基础设施智能化发展需求

（1）“政务云”建设的需求：随着智慧湖北建设的持续推进，政务应用系统的规模不断扩大，然而各部门的信息系统在运营和支撑方面的能力相对薄弱，导致传统的分散化建设、运营和维护发展模式面临严峻挑战，举步维艰。在这种背景下，迫切需要加快推动湖北省各级市州县政府统一“政务云”平台和大数据中心的建设。这一举措将实现各部门业务应用系统的集中承载与集约化管理，逐步降低湖北省智慧城市建设的运营成本。此外，分散管理带来的信息安全风险也将随之降低，从而提升基础设施资源和人力资源的应用效率。通过这一系统的完善与整合，湖北省的政务服务能力将得到显著提升，为居民提供更加高效便捷的服务。

（2）宽带网络建设需求：为了满足现代社会对信息化日益增长的需求，宽带网络建设亟待进一步扩大覆盖范围，特别是在一些老旧小区和城乡接合部等复杂地带，光纤改造的工作显得尤为重要（图 3-12）。这不仅可以提高宽带接入速度，还能为居民提供更加稳定和快速的网络服务。此外，加快 5G 网络基础设施的建设和站点优化也是当务之急。通过推动政务内网、政务外网、政务专网、无线政务专网以及互联网的分级分类承载，将显著提升政务应用系统的功能。此举不仅能增强数据安全保护的防范能力，还能有效优化政府的网络管理职能，从而确保在信息共享和政务服务中具备更高的效率和安全性[85]。

图 3-12 宽带网络建设

（3）物联网建设需求：物联感知网络的建设对于实现城市的精细化管理至关重要，因此需要全面扩大感知范畴。这一过程应当立足于各部门的业务发展需求，有序地推进各领域和各行业相关物联感知设施的部署。通过这样的努力，可以实现对城市部件和城市事件信息的动态高效监测，为城市管理提供更为准确的实时数据支持。此外，在物联网的部署方面，亟待加强对物联网络的统筹规划与数据的集约化管理。基于湖北省各市州县统一的城市物联网管理平台，推动各部门应用数据的集中汇聚与高效共享，将极大地避免各部门之间的重复建设现象。这种整合与协作不仅能提高物联感知网络设施的综合利用水平，还将为城市的智能管理打下坚实的基础，从而更好地服务于社会的整体发展。

3.3.2 数据共享多元化发展需求

1. 基础信息数据库建设需求

结合前期调研结果，湖北省各市州县当前涉及基础数据及跨部门业务信息资源共享的政府部门包括保密局、综治办、发改委、行政审批局、水务局、公安分局、交通大队、卫计委、市场监管局、城管委、财政局、国土规划局、人社局、城建局、教育局、环保局以及交通运输局等主要部门[86]。这些部门共同管理着丰富多样的业务信息资源，其中重点涉及的资源类别可划分为人口管理类、法人类、空间地理信息类以及宏观经济类四大类。

（1）人口管理类。这一类信息包括人口的基本信息、死亡人员的相关数据、低保和五保人员的情况、卫生机构内死亡人员的信息以及医保和劳保救助等相关信息。这些数据为政府部门提供了基础性的人口统计和社会服务信息，有助于更好地规划和实施人口政策。

（2）法人类。此类信息主要涵盖企业的基本信息、企业生产数据、重点污染源的监测数据以及食品药品企业的生产情况等。这些数据对于推动经济发展、加强市场监管以及确保公共安全等方面具有重要意义。

（3）空间地理信息类。此类别的信息包括视频监控资源的管理、地下管线的分布情况、国土地理信息系统（Geographic Information System，GIS）底图的构建，以及房屋、道路、水路、耕地和林地等资源的分布信息。这些信息对于城市规划、基础设施建设和资源管理等具有关键作用。

（4）宏观经济类。这一类信息涉及湖北省及各地区的经济监测数据，包括地区生产总值、财政收入、工业产值、固定资产投资、进出口总额、社会用电、居民可支配收入和物价指数等。这些数据为制定经济政策和评估经济发展提供了重要依据，帮助政府把握经济运行的脉搏。

2. 资源共享交换平台建设需求

通过调研发现，湖北省各市州县各级部门在行使管理和服务职能时，往往需要与其他相关部门进行数据层面的协调与配合，因此共享需求在各个层面普遍存在。然而，目前通过市级平台进行资源共享的方式较为常见，通常采用点对点申请和共享的模式，这在一定程度上影响了区级业务协同的推进效率。因此，迫切需要尽快建设区级共享交换平台，以便更有效地促进跨部门的数据共享与协同。

新平台的建设应实现纵向与上一级政府云平台的无缝对接，并在横向上打通与各部门业务应用系统之间的直连通道。这将有助于形成一个纵横贯通、彼此联动的二维数据交换架构，确保数据能够在不同部门之间快速流动与共享。通过这样的建设，数据的跨部门共享将实现数字化、高效化和便捷化，进而提高各级政府的管理和服务能力，推动整体工作效率的提升，最终更好地服务于社会与经济的发展需求。

3.3.3 政务服务便捷化发展需求

（1）政务管理需求。为更好地满足各部门内部办公室、会议及服务等日常工作需求，并适应无纸化办公的发展趋势，亟待在互联网基础上建立一个开放的线上办公平台。该平台将为行政事业单位的工作人员提供统一的管理和服务入口，能够有效整合资源，简化内部管理流程，提高工作效率，同时推动政府单位逐步实现数字化办公。

（2）并联审批需求。针对跨部门、跨业务线的审批流程，需要依托统一的政务平台，实现标准化的并联审批模式。通过这种模式，各部门的主管科室能够进行无缝协作，提供一站式审批服务，从而大幅提高审批效率。与此同时，还需同步强化对审批过程的监督，借助信息化手段提升审批效能的监控质量，确保审批过程的透明、公正和高效。

（3）决策支持需求。通过建立跨部门的政务管理与行政服务平台，实现数据的统一采集、共享和分析。借助这些数据，面向湖北省的经济发展、城市管理及民生服务的主要部门提供全面的统计分析和决策支持服务，从而为政府科学决策提供可靠的数据依据，提升城市整体管理水平和治理能力。

（4）办事服务需求。政务服务需要进一步向便捷化方向拓展，不仅要提升线下政务服务中心的服务质量，还需加强基于互联网的线上政务服务平台建设，逐步实现市民和企业的一站式办事服务。该平台应提供全流程的在线办事功能和便捷的办事指南查询，帮助市民和企业高效办理各类政务事务，减少排队等待和跑腿次数，提升服务体验。

（5）信息公开需求。信息公开作为政府透明度提升的重要措施，需进一步强化其实施力度，严格遵循“以开放为常态，以不开放为例外”的基本原则。政府需通过互联网主动向公众和企业公开各类信息，如重大项目决策咨询、公共资源配置、重大工程建设投资、财政资金使用等。通过提供便捷的查询服务，确保公众和企业对政府行为和公共事务的知情权，增强政府工作的透明度和公众信任度。

（6）政民互动需求。为进一步提升政民互动的广度和深度，需构建线上线下相结合的多元化、高效的政企民互动交流平台。除已有的城市热线电话、微信公众号、城市 APP、政务微博和门户网站等渠道外，还应积极探索并拓展更多便捷的互动方式。通过畅通的信息反馈和交流渠道，政府能够更及时有效地倾听民声、解决民困、汇聚民智，切实推动以民为本的服务理念，提升人民群众的幸福感和获得感。

3.3.4 民生服务高效化发展需求

（1）历史文化传承需求。民生服务与人文氛围的构建密不可分，城市的竞争力不仅表现在经济和产业上，还体现在丰富的人文和历史资源的传承和发展上。湖北省拥有悠久的历史文化传统，历代名人辈出，文化遗产丰富，如黄鹤楼、荆州古城、襄阳古城、古隆中等众多历史文化景点，都是不可多得的文化瑰宝。为了将湖北省建设成经济活力强、产业竞争力高、创业和生活环境优越的现代化城市，必须充分挖掘和发挥湖北作为“民间艺术之乡”的文化优势，不断提升城市文化传播和服务的信息化水平，使文化成为提升城市形象和软实力的重要资源，塑造出独具特色的文化名城形象。

（2）教育发展需求。湖北作为“教育大省”，拥有深厚的教育资源和悠久的教育传统，基础教育硕果累累，高等教育享誉全国，职业教育也备受认可。为了进一步推动教育事业发展，需要加强信息技术与基础教育课程的深度融合，提高教师群体运用现代化技术手段的能力，推动教学方式向更加智能化、信息化的方向发展。同时，应建设覆盖全省的教育信息化互动平台，打通学校、教师、家长和学生之间的沟通壁垒，促进四方的高效协作，提升教育服务水平，打造现代化的教育体系。

（3）优质医疗服务发展需求。湖北省部分市州县的医疗服务水平有待进一步提升，尤其是在信息化应用方面。为了提高医疗服务质量，需要加快建设全省医疗信息共享平台，实现各级医疗机构之间的医疗资源互通共享，并推出在线预约挂号、远程会诊等服务功能。此外，应建立居民健康档案库，记录居民的就医信息和健康数据，为实现全省范围内的医疗卫生信息化奠定基础，推动医疗服务更加智能化、便捷化，使居民能够享受更为高效、精准的医疗服务。

（4）生活服务发展需求。以便民、利民为出发点，湖北省应积极采纳和整理居民的意见和建议，整合全省范围内的各类公共服务资源，打造一个全天候、一站式的市民生活服务平台。该平台应涵盖生活中的方方面面，从缴费、交通、物业管理到社区服务等，为市民提供个性化、便捷化的服务，提升城市公共服务水平。通过信息化手段进一步优化城市生活服务的质量和效率，使居民的日常生活更加便利和舒适，提升城市的宜居度和吸引力。

3.3.5 各级地市州县城市治理精细化发展需求

（1）安全防控需求。随着城市的不断发展和人口的增加，社会治安防控的需求日益突出，必须加快构建覆盖全省、全区域的高效安防网络。湖北省各市州县主城区、重要交通路段、居民区等重点区域的视频监控网络需要进一步完善，实现全方位覆盖和高清化、智能化监控。同时，以共建共享为原则，整合交通、环保、住建、国土、综治、教育、安监等多个部门的视频监控资源，逐步形成全省统一的“监控一张网”管理体系，实现统一调度和管理。未来，还需要在现有视频监控基础上，进一步推动大数据分析与智能预警系统的建设，提升对群体行为分析、重点目标跟踪的能力，确保社会治安防控体系的动态化、智能化发展[87]。

（2）城市应急需求。针对湖北省的城市治理需求，尤其是在防汛应急等突发事件应对方面，需要进一步健全和统筹区级应急保障和指挥调度体系。通过整合各类应急管理信息资源，构建集中的信息汇聚平台，提高信息的集中展示和动态响应能力，以确保在突发事件如洪涝灾害等发生时，能够迅速响应并调配资源，为决策层提供准确的数据信息支撑，提升领导层的决策部署能力，确保全省应急管理水平的全面提升[88]。

（3）交通管理需求。随着城市化进程的加快，湖北省各市州县的交通管理亟待进一步优化。首先，应大力推动道路和车辆基础信息的自动化采集水平，通过智慧交通管理系统支撑交通诱导设备、智慧停车、智慧信号灯、智慧公交等关键服务设施的高效运转。此外，渣土车管理、超载治理等方面也需要引入智能化管理手段，确保交通物流运输系统的高效、安全运行，推动全省交通管理向现代化、精细化转型。

（4）市场监管需求。在生产和流通领域，市场监管面临着日益复杂的挑战，因此，需要进一步完善全省的市场监督体系。推动“四品一械”（食品、药品、保健品、化妆品、医疗器械）检验检测的网格化、智能化管理方式，提升送检、比对和信息发布的效率和精准度。同时，应继续加强市场溯源体系建设，扩大监管范围，覆盖更多的生产经营主体，确保市场运作更加透明、规范，为湖北省市场的长远健康发展提供有力保障[89]。

（5）市容整治需求。为了进一步提升城市管理水平，各街镇一级的专网和信息采集体系需要逐步完善，确保基层单位的执法和案件处理信息能够及时回传至上一级单位，形成快速响应机制。同时，应加快城市管理协调指挥中心的规划建设，覆盖全街镇，实现与公安、环保、住建、文体等部门的数据共享与业务协同，打造一体化的城市面貌整治和综合管理体系，确保城市治理更加高效、有序。

（6）国土城建管理需求。在国土和城建管理方面，亟待进一步提升基础资源和生产流程的在线监控能力。首先，应加强对土地违规利用和违章建筑的监管，确保土地资源的合理使用和规划。其次，推动智慧路灯、综合管廊等示范性重点项目的建设，通过智能化技术提高基础设施的集约化管理水平，优化资源利用，确保湖北省城市基础设施建设与管理的高效发展，实现城市基础资源的高效运转和可持续利用[90]。

3.3.6 产业转型高端化发展需求

（1）制造业转型升级需求。在推动湖北省制造业转型升级的过程中，首先要抢占工业互联网和智能制造的先机，全面推动“互联网＋制造”这一新模式的发展，借助信息化手段实现制造业的智能化和自动化转型。对于传统的优势产业，如钢铁、食品制造和纺织工业，需要通过信息技术的应用提升生产效率，降低能源消耗，解决当前面临的产能过剩问题，推动这些行业向高效、绿色发展转变。与此同时，电子信息制造业作为智慧湖北建设的重要支柱产业，需要大力发展，提升其技术创新能力和市场竞争力[91]。对于中小企业，还应进一步建设覆盖研发设计、经营管理、营销流通等各个环节的信息服务体系，帮助中小企业提高经营效能，提升其在市场中的综合竞争力。

（2）港口物流业发展需求。港口物流业作为湖北省重要的经济动脉，其发展需要全面引入物联网、移动互联网和大数据等先进信息技术，提升运输、中转、装卸、搬运、仓储等各环节的智能化水平。通过构建一体化的物流信息综合管理与服务体系，强化物流作业的精细化管理与智能化调度，实现未来铁水联运的无缝衔接。同时，还应面向客户提供一站式的在线物流服务，进一步提升港口物流的服务质量和效率，打造具有国际竞争力的智慧港口物流体系。

（3）农业现代化发展需求。在农业现代化方面，湖北省需要进一步推广物联网等信息技术的应用，尤其是在农业生产、管理和销售的各个环节。加快完善现有的农业信息服务平台，进一步丰富平台上的服务资源，不断提高服务质量和覆盖面。通过这些信息技术手段，推动农村电子商务的发展，促进农产品的在线销售，提高农民的经济收益。同时，农业生产需要向标准化和集约化方向发展，形成现代化农业种植的新格局，从而为农业的高效发展奠定坚实基础。

（4）建筑房地产业发展需求。在建筑行业方面，信息技术的应用显得尤为重要，湖北省需要加快建设一套涵盖建筑信息模型（Building Information Modeling，BIM）技术培训服务、电子商务服务、招工服务等内容的信息服务体系，全面提升建筑行业的数字化水平。此外，行业监管部门也需要借助信息技术提升安全施工的监管效率，确保工程质量和施工安全。展望未来，绿色建筑和智慧建筑将成为房地产业发展的主流趋势，湖北省应加快布局绿色智慧建筑产业，推动全行业向智能化、低碳化方向发展。

（5）产业发展需求。为了增强湖北省产业的后续发展动力，促进产业的集聚和升级，亟待加快“智慧园区”的建设。园区内应健全基础信息网络、云计算数据中心等关键基础设施，通过这些平台为入驻企业和个人提供高效便捷的产业发展支持和公共生活配套服务。通过整合各类信息资源，构建完善的园区管理运行体系，提升园区管理效率，为企业提供数字化、信息化的运营管理服务，从而推动湖北省产业发展的高端化、智能化转型[92]。

3.3.7 支撑保障体系化发展需求

（1）安全保障体系需求。随着信息化进程的加快，网络和信息安全成为保障湖北省各项事业顺利开展的重中之重。为了有效应对潜在的网络威胁和安全风险，需要建立一套健全的网络和信息安全监控预警机制，以及应急响应联动机制，确保在突发安全事件时能够迅速反应并及时处理。根据《国家网络安全事件应急预案》的要求，应加强重点信息系统的应急安全机制建设，完善应急预案的编制工作，并定期组织应急演练，确保各项安全措施能够在实际操作中得到有效应用。此外，还需要建立应急专家咨询机制和救援队伍，进一步增强应对信息安全相关突发事件的能力。同时，应加强信息基础设施和重要信息系统的抗灾能力建设，确保在面对自然灾害或人为攻击时能够保持稳健运行，保障信息安全与系统稳定[93]。

（2）运营保障体系需求。为了确保智慧湖北建设项目能够长期高效运行，必须构建一套完善的运营保障体系。这一体系的建立应以国内外相关运维标准为依据，结合湖北省的实际情况，统一制定运维管理标准，确保各类系统的日常运行和维护工作能够得到规范化管理。同时，需结合定期与不定期的检查，深刻贯彻落实各项制度规范在各平台系统中的应用，以确保每个系统和平台均能够按照标准化流程运行。通过建立统一、规范的运行维护管理方式，不仅可以有效提升系统运行效率，还能够降低突发问题带来的风险，确保整个信息化体系的稳定性和连续性。

（3）技术标准规范体系需求。在推动信息化建设的过程中，技术标准和规范的统一至关重要。为了保障湖北省各系统之间的互联互通、信息共享和业务协同，需要借鉴国内外的信息化建设经验，制定与国际接轨的技术标准，并通过标准化体系的建立来发挥其在智慧湖北建设中的引领作用。标准化的技术体系不仅能够确保系统之间的协调和兼容性，还能提高整个信息化建设的整体效能。只有在信息技术体系实现标准化、规范化的前提下，智慧湖北的建设才能真正实现系统整合，保障各类业务的高效开展，进一步推动湖北省数字经济的发展。

（4）信用控制体系需求。随着政府职能的转变和简政放权的深入推进，构建一套完备的信用控制体系显得尤为重要。这一体系不仅是规范市场秩序、保障市场健康运行的必要手段，同时也有助于降低市场交易成本，提高市场活动的可预测性。通过建立健全的信用控制机制，湖北省将能够更好地优化市场资源的配置，提高经济和社会活动的效率。在这一过程中，信用体系的完善能够提升市场主体的信用意识，促进诚信经营和公平竞争，使市场环境更加健康有序，从而为湖北省的经济社会高质量发展奠定坚实基础。

3.3.8 信息安全常态化发展需求

（1）网络安全防控体系加固需求。随着信息化时代的快速发展，网络安全威胁的日益复杂化，对湖北省各市州县的信息安全提出了更高要求。为此，亟待进一步完善全省范围内的信息安全监测预警体系，确保能够在第一时间发现潜在安全隐患并采取有效应对措施。此外，信息安全应急管理体系的建设也需同步推进，以应对突发安全事件，提高响应速度和应急处理能力。同时，必须健全数据容灾备份体系，以确保各重要信息系统的数据安全和可恢复性，满足全省各市州县对信息系统数据灾备的高标准需求。结合国家信息安全管理相关规定，应全面落实安全等级保护制度，建立定期的安全评测、风险评估和管理机制，涵盖身份信任、病毒防治、容灾备份、应急响应等多个领域。这将有效提升湖北省应对复杂网络环境中的安全管理能力，确保重要信息系统在面对网络攻击和信息泄露等风险时具备较强的防护能力[94]。

（2）重要信息系统安全保障需求。为了加强湖北省各机关部门重要信息系统的安全保障工作，需要进一步深化电子政务信息安全体系的建设，强化安全防护措施的实施。具体来说，应加强政务内外网的身份认证机制，确保访问授权的规范化管理，完善安全审计体系，以便在发生安全事件时能够明确责任并追溯源头。此外，对重要信息系统的安全研究应当引起高度重视，特别是涉及关键领域和敏感信息的系统。应严格执行信息安全保护的系统要求，对重点应用领域的关键产品进行严格的安全性评估，确保其具备良好的安全防护性能，从而降低安全隐患，提升整体信息系统的安全性和稳定性。

（3）云计算大数据安全防护需求。随着云计算和大数据技术的广泛应用，湖北省各市州县的云平台和大数据系统面临的安全风险也在不断增加。因此，必须加强对全省范围内云平台的安全评估工作，全面评估现有云平台的安全防护能力，并根据评估结果制定有针对性的云安全防护措施，明确云网络的使用主体和边界保护要求，确保云平台的安全运行。同时，需要进一步完善云计算安全事件的预防、预警和处理机制，确保在出现安全威胁时能够迅速应对并消除隐患。此外，大数据安全评估体系的建设也是当务之急，通过开展大数据平台的可靠性和安全评估服务，引导大数据技术在安全可控的环境下有序发展，确保湖北省的大数据资源能够在安全的前提下得到高效应用，为全省信息化建设提供坚实保障。

第4章

湖北智慧城市建设的框架及重点任务

4.1 湖北新型智慧城市总体任务框架体系

智慧湖北建设应以集约化、协同化、融合化、绿色化为基本理念，通过实施统筹部署五大共性支撑平台、推动实施二十项重点智慧应用，努力推动湖北智能基础设施、精细化社会治理、便捷化公共服务和高端工业经济发展，把湖北建设成为国家新型智慧城市创新发展的先进典范。

4.1.1 五大共性支撑平台分解

统一政务服务平台：通过优化升级政府门户网站，推动全省政务服务数字化、便捷化发展，全面整合省内各级部门网站资源，打造全覆盖、全天候的“一号一窗一网”工程。该平台将进一步增强“鄂汇办”功能的广泛应用，与湖北各市州县的政务业务进行深度对接，确保政务服务无缝连接，实现线上线下服务的协同，构建起一个面向全省公众和企业的综合性公共服务平台，提供更高效的政务服务体验。

统一电子政务办公平台：促进湖北省各市州县建立统一的电子政务办公平台，旨在推动政务工作从传统的纸质模式向自动化、电子化转型升级。通过该平台，各级政府部门、街道办事处的文档处理、会议管理、办公流程将得到极大的简化和加速，不仅提高了政务办公的效率，还减少了资源的浪费。通过政务办公平台的广泛应用，全省政务工作流程的标准化和信息化程度将进一步提升，为智慧湖北建设奠定坚实的基础。

统一智慧城市运营中心：加快湖北省各市州县智慧城市综合运营管理中心的建设，促进全省统一的智慧湖北运营管理平台的搭建。通过该平台，各地的智慧城市运营将实现一体化管理，涵盖日常运营监控、业务协同处理、应急响应指挥调度等多个方面。平台将通过集中调度和信息共享，提升各级政府在突发事件处理中的应急响应能力，进一步提升智慧城市的整体运营效能。

统一智慧城市云平台：统一建设湖北省各市州县智慧云平台，推动全省信息化基础设施的集约化建设和高效管理。通过该平台，不仅能够整合各类资源，提升云计算和大数据的运用效率，还将促进不同区域和部门间的信息互通与共享。该智慧云平台将为湖北省新型智慧城市建设提供技术支撑和计算资源保障，确保全省信息化工作协调推进，实现数据、计算资源的统一调配与高效利用。

统一数据共享交换平台：全面统筹规划和建设四大基础数据库及相关领域的学科数据库，通过建设统一的大数据共享交换平台和数据分析挖掘系统，湖北省将形成一个覆盖各级政府部门、科研机构和公共服务机构的大数据应用网络。该平台不仅能为领导决策提供全面的数据支持，还能为部门办公和群众办事提供精准、高效的大数据分析服务，助力全省智慧城市的智能化发展和精准治理。

4.1.2 二十项重点智慧应用

湖北省新型智慧城市建设聚焦于四大领域，即智慧政务管理、智慧民生服务、智慧产业升级和智慧信息基础设施，通过具体应用项目的落地实施，推动各领域的数字化转型，提升城市整体治理和服务水平，最终实现全方位、立体式的智慧化建设目标。

智慧政务管理：这一领域将重点推进包括智慧政务、智慧公共安全、智慧水务、智慧交通、智慧社会管理和智慧生态等在内的智慧应用。智慧政务的核心是优化政府服务流程，提升政务工作效率，推动无纸化办公和跨部门信息共享；智慧公共安全则聚焦于构建城市安防监控网络，提升社会治安和公共安全管理能力；智慧水务通过引入先进的信息技术，实现水资源的高效管理与调度；智慧交通旨在推动城市交通系统智能化，通过实时数据分析、智能信号灯调控等手段，提升交通运行效率，缓解拥堵问题；智慧社会管理则通过大数据分析和智能化管理手段，提升社会服务水平，优化城市治理；智慧生态致力于环境保护与资源利用，推动城市绿色低碳发展。

智慧民生服务：在这一领域，重点推进的智慧应用包括智慧养老、智慧教育、智慧医疗、智慧社区、智慧社保和智慧旅游。智慧养老通过智慧设备与系统平台，为老年人提供便捷、安全的居家养老服务；智慧教育依托信息技术，推动教育资源的均衡化、信息化发展，提升教学效率和质量；智慧医疗通过医疗信息化建设，完善健康管理、远程医疗等服务，提升全省医疗资源的利用效率；智慧社区通过智能化管理平台，为社区居民提供更加便捷、个性化的服务；智慧社保则通过信息化系统的建设，优化社保管理流程，提升服务效率；智慧旅游通过大数据分析和智能推荐系统，为游客提供全方位的旅游体验，助力湖北省旅游业的高质量发展。

智慧产业升级：推动湖北省的产业数字化转型与升级，主要聚焦于智慧园区、智慧港口、智慧农业、智慧建筑和电子商务等领域。智慧园区将整合各类资源，为入驻企业提供高效、智能的管理服务；智慧港口则通过物联网技术和大数据应用，提升港口物流管理的精细化程度，实现智慧化运营；智慧农业通过现代信息技术的引入，推动农业生产模式的标准化、集约化，提升农业生产效率；智慧建筑则致力于推动绿色建筑和智慧建筑的应用，优化建筑行业管理流程，提升施工安全和效率；电子商务将推动全省传统商业模式的数字化转型，促进湖北省各类企业与电子商务平台的深度融合。

智慧信息基础设施：智慧信息基础设施是支撑智慧城市建设的基石，重点包括全网湖北、云上湖北和感知湖北等方面。全网湖北将通过全省网络基础设施的优化和扩建，实现全省范围内的高速网络覆盖；云上湖北旨在通过云计算、大数据技术的应用，提升政府和企业的数据管理能力和信息化水平；感知湖北则通过智能化感知设备的应用，构建全省物联网平台，推动全省智能化应用的广泛覆盖，实现对各类信息的实时感知与管理。如图 4-1 所示，展示了湖北省建设智慧城市的总体任务框架体系。

图 4-1　湖北建设智慧城市总体任务框架体系

4.2 湖北新型智慧城市总体构架

在湖北新型智慧城市的建设中，将充分借鉴国内外领先的智慧城市顶层设计理念，结合本地实际情况，打造出符合湖北省经济社会发展需求的总体架构。设计理念始终坚持“统一架构、统一管理、统一标准”的核心原则，确保各系统之间的互联互通与高效协同。在具体实施过程中，通过对信息基础设施的全面优化和升级，推动形成一个体系完善、功能强大、应用广泛的智慧城市框架，确保其在未来的智慧化治理中具有强大的承载能力和适应性。湖北智慧城市的总体构架不仅涵盖了从基础设施到应用场景的全链条建设，还强调在架构设计上的统一性，避免重复建设和资源浪费，从而实现信息共享和管理集约化。同时，架构体系充分体现了对未来需求的前瞻性考量，确保系统的可扩展性和创新能力。通过这一科学设计，湖北新型智慧城市建设将实现从信息采集、传输、存储到分析和应用的全流程智慧化，为全省的政务、经济、民生等各个领域提供全方位的智能化服务支撑。

湖北新型智慧城市总体架构将智能基础设施作为核心，统筹智慧政务、智慧社会管理、智慧交通和智慧社会等多个应用场景的智慧化发展，确保各类智慧应用的高效运行和管理。总体设计不仅强调功能强大的系统支持，也在应用层面提供丰富多样的服务，涵盖政务管理、公共服务、城市安全、产业发展等多个方面，提升城市管理的效率和公共服务的便捷性。通过这种体系化、精细化的顶层设计，湖北省的新型智慧城市将成为信息时代创新发展的重要示范，推动智慧湖北在国家新型智慧城市建设中占据领先地位，具体如图 4–2 所示[95–96]。

统一架构依托于湖北省的云数据中心，通过虚拟化资源租赁的方式，构建起了智慧湖北业务应用系统的“可插拔式”部署架构。这种架构模式不仅灵活，还能有效降低系统开发和运行的复杂性。各级政府部门可以通过基础

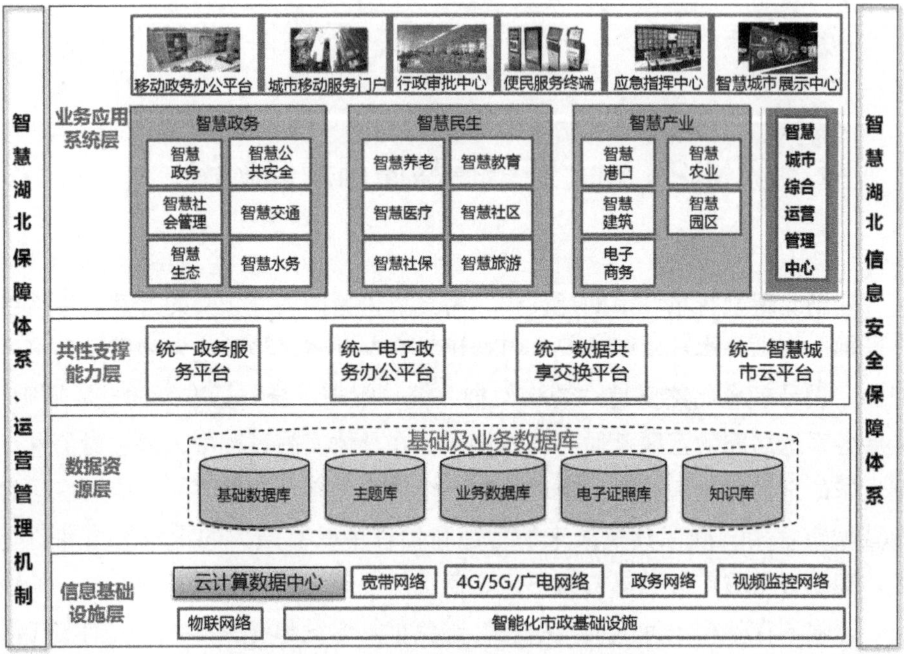

图 4-2　湖北新型智慧城市总体构架

资源租赁服务，将原本独立建设的二级业务系统或业务平台统一部署在云数据中心上，实现高效的业务协同。这种方式能够有效解决分散化建设模式中常见的诸多问题，例如系统间异构导致的互通性差、分散运维导致的成本高昂以及信息安全面临的诸多潜在风险，从而为政府部门提供更加安全可靠、成本更低的整体业务支持。

在统一管理方面，主要关注的是从底层基础设施到上层应用服务模块的全面整合与集约化管理。这其中不仅包括底层的物联网感知设施、基础数据库资源等，还涉及资源共享与交换服务系统、统一办公自动化平台、物联网管理平台、大数据分析服务平台和统一征信系统等多个通用支撑平台的整合。通过这些平台的整合，湖北智慧城市的各类信息资源和业务应用可以实现最大程度的共享和复用，从而大幅减少重复建设所带来的浪费。整合后的系统能够同时支持多部门的业务需求，提供从底层硬件资源到上层业务应用的多项公共服务能力，提升全省的资源利用率。

统一标准则是通过搭建云平台的数据存储服务模式，逐步实现各政府部门业务系统硬件资源的标准化。这一过程中，重点推动各区级部门原本采用的异构应用平台逐步向符合 X86 开放标准的架构平台演进，通过统一硬件架构，降低系统复杂性。此外，统一视频监控网络、基础数据库、地理信息图层、征信数据等各类资源的互通标准也在逐步建立。这些标准不仅夯实了智慧湖北的资源整合与共享基础，还大大增强了各类业务系统之间的协同能力，使业务联动更加高效。通过标准化的推进，智慧湖北将能够在信息整合与共享、业务协同与应急联动等方面实现质的提升[97]。

4.3 湖北新型智慧城市建设的重点任务

4.3.1 资源共享体系

（1）推动区县级数据共享交换平台建设。首先，湖北省应通过区县级数据的沉淀和购买等方式，推动区级四大基础数据库的建设，包括人口、法人、空间地理和电子许可数据库[98]。这些数据库将为智慧城市建设提供坚实的数据支撑。同时，还需结合各地需求，部署一系列专题数据库，涵盖土地利用、交通、规划、社会保障、征信等领域。这些专题数据库不仅需要满足特定业务的需求，还必须在安全隔离、数据访问和设计等环节上进行严格的风险控制，确保数据的安全与合规使用。

其次，依托区县数据共享交流平台，确保各级政府基础数据能够统一上报至上级政府的管理平台，实现数据资源的集中化管理和使用。与此同时，建立区县级的政务资源共享目录，引导各政府部门根据标准规范，编制本部门的政务数据资源清单，并统一汇总形成完整的区县政务资源共享目录。此举将能够确保各部门的数据资源在统一平台上顺利汇集和交换。

再次，依托湖北省政务云平台，搭建全省范围内的数据共享交换平台，涵盖省、市、区三级政府的统一共享交换平台及各部门的共享交换节点。各政府部门需参照标准流程，依法依规开展跨部门的数据资源申请、调用和共享，确保数据流通顺畅。最终，形成省、市、区三级资源交换服务体系，通过上下联动，进一步提升数据的利用效率和共享效果。

（2）建设湖北省政府数据公共服务网络。湖北省应建立起覆盖全省的政府数据公共服务网络，形成对外服务的统一门户。该门户将不仅作为政府数据对外开放的平台，还需提供丰富的数据服务内容，增强数据产品的检索、分类和条件查询等功能。通过这一平台，政府各部门能够实现数据产品的注册、发布和绩效评价，从而全面提升政府数据的服务质量与透明度。

通过政府向社会开放数据，社会机构和企业可以基于这些开放数据开发增值服务，提供给市民和企业使用，促进社会治理模式的多元化，形成共治共管的新局面。这种数据开放机制不仅能够助力社会治理模式的创新，还为开创新型应用、催生新业态、打造新商业模式提供了源源不断的动力，有助于推动创新创业活力的释放，推动传统产业的改造升级，培育经济发展的新引擎。这一模式将为湖北省的智慧城市建设提供更加坚实的基础和更广阔的应用前景。

4.3.2 共性支撑平台

（1）搭建湖北省物联网管理平台。依托政府云服务平台和数据共享交换平台，湖北省将全面搭建物联网管理平台。通过这一平台，能够有效对接交通、环保、水务、安监等各个部门的物联感知平台，实现多部门之间的物联网监测数据的统一汇聚和集中管理。该平台将统一处理不同来源的异构数据，包括格式规范化、冗余数据处理、异常数据清理等预处理操作，为湖北省的智慧城市综合运营管理平台提供标准化的数据支持，确保各类数据的高效整合与利用。基于先进的网络传输、远程控制等技术，平台还将实现对各部门物联网感知设施的统一管理和控制，覆盖不同类别、用途和工作原理的感知设施，增强物联网设备的互联互通能力，提升智慧城市运营的宏观监控与管理效能。

（2）积极探索政企合作大数据分析服务模式。湖北省将在智慧城市建设过程中，积极推动政企合作，探索通过政企合作、购买服务和社会众包等多种模式，引入第三方大数据分析服务商[99]。在开放和利用数据时，将严格遵循梯度开放和安全利用的基本原则，确保脱敏数据资源的安全开放。在城市规划、环境治理、灾害应急、医疗、社保、教育等重点领域，基于实际业务需求，广泛应用数据存储、知识管理、智能语义分析和机器学习等技术，发展大数据分析和挖掘服务。通过这些技术手段，各政府部门能够获得数据驱动的决策支持，大幅提升政府在公共安全治理、服务资源优化配置等方面的能力，推动城市治理向数据化、智能化方向迈进。

（3）构建湖北省市州县统一征信服务平台。为促进社会信用体系建设，湖北省将联合工商、税务、发改等市场管理部门，以及金融机构，如农商银行，构建市州县级的征信基础数据库。该数据库将涵盖企业和个人两大主体的信用信息，旨在为各类市场活动提供信用支持。湖北省还将积极推动与各级政府征信平台的互通，通过对接现有平台，进一步丰富和完善企业和个人的信用数据集，形成省、市、区三级社会信用组织体系。

通过这一征信服务平台，政府部门、企业和个人将能够获取湖北省内企业和个人的信用信息，包括信息查询、网上投诉处理、决策支持和风险预警等服务，有效规范市场秩序，促进政务诚信、商业诚信和社会诚信的建设。

（4）统筹部署湖北省市州县智慧政务办公服务平台。在智慧政务办公方面，湖北省将依托市州县政府云平台和政务外网，统一构建基于软件即服务（Software as a Service，SaaS）模式的政务办公服务平台。该平台将面向全区各需求部门提供统一协同办公的服务环境，支持移动智能终端的政务办公，用户可通过客户端或手机APP使用平台的各项功能。平台的核心功能模块包括文件收发管理、个人事务管理、会议管理、印章管理、考勤管理、系统配置、手写签名审批、智能印章、短信集成、统一身份认证和智能报表系统等。通过这些模块，平台将显著提高政务办公的效率与便捷性，实现办公系统的统一标准化管理。

（5）开发市州县掌上APP，打造智慧市州县移动政务服务门户。为了提高政务服务的便捷性，湖北省将开发市州县掌上APP，打造一站式移动政务服务门户。首先，该APP将集成政府信息服务平台，向市民提供城市交通信息、卫生信息、旅游服务和城市资讯等便捷服务，成为湖北省政策法规、权威资讯和城市动态信息的集中发布门户。其次，APP将连接区级计划生育服务平台、社保大厅、湖北省政府服务大厅等，以及水电等公共事业缴费平台，为市民提供一站式公共服务接入渠道。通过这一统一的渠道，民众可以集中获取各种服务，并通过后台导流实现服务需求的高效响应。

同时，该 APP 将引导群众积极参与城市治理和行政监督，推动城市治理众包化的发展。市民将能够通过移动平台直接参与城市管理和监督，提高市民参与智慧城市建设的积极性，共同构建更加透明、高效的治理模式。

4.3.3 智慧管理中枢

湖北省将着力建设智能化的综合运营管理中心，作为智慧湖北建设的重要中枢。该中心将以“一个运营中心、三大支撑系统”为核心框架，整合各类数据资源和运营管理平台，构建起一个功能强大、覆盖全面的智慧湖北管理中枢。具体而言，智慧湖北的运营管理平台将依托公安视频监控指挥系统、物联网应用支撑平台以及政务资源共享交换平台这三大核心载体，充分发挥其在数据汇聚、分析、监控和管理等方面的优势[100]。

公安视频监控指挥系统作为智慧湖北的核心支撑之一，将汇聚全省范围内的城市公共安全监控和防汛应急监控数据，实现对湖北省重要公共安全事件和应急状况的实时监测与快速响应。通过全方位的视频监控网络，管理者能够实时掌握城市安全状态，快速做出应对决策，确保省内公共安全体系的高效运转。

物联网应用支撑平台将广泛连接各类物联感知设备，整合城市物联感知信息。通过这一平台，湖北省能够对交通、环保、水务、能源等城市基础设施领域的物联网设备进行统一管理和调度，实现全省范围内物联设备的互联互通。平台不仅能够实时收集并处理感知设备上传的数据，还能通过数据分析实现对城市运行状态的智能化预警和预测，确保城市基础设施的平稳、高效运行。

政务资源共享交换平台是智慧湖北管理中枢的数据支撑系统。该平台将全面汇聚各领域、各部门的政务数据，确保政务资源的高效整合与共享利用。通过政务数据的统一汇聚，平台能够为全省各级政府部门提供业务协同、数据交换和跨部门合作等服务，极大提升政府的管理效能和信息化水平。

智慧湖北综合运营管理中心的建设，将通过对全省数据资源的集中化展示和全面分析，实现城市运行情况的全方位掌控。面向湖北省及市州县主要政府部门和决策者，中心将提供城市运行专题分析、调度指挥和执行情况的实时回传服务。通过这一中枢系统，湖北省的管理者能够更好地做出科学决策，提升城市运营管理的整体水平，增强智慧湖北在业务协同、应急响应等方面的能力。最终，该管理中枢将为智慧湖北的发展提供坚实的技术支撑，助力湖北成为全国领先的智慧城市标杆[101-102]。

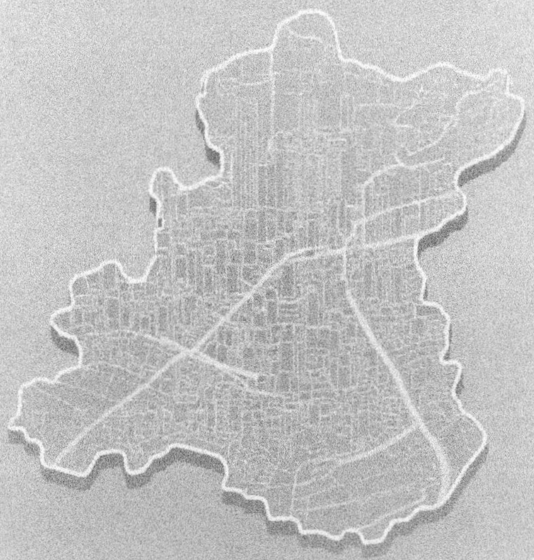

第5章

湖北新型智慧城市建设的保障体系设计

保障体系设计是整个智慧湖北建设规划中不可或缺的关键部分，它为系统建设的顺利实施和高效运行提供了重要的支持和保障。这个保障体系的设计过程包括多个阶段，具体涵盖调研分析、方案设计、实践实施、再分析以及再设计，并且这个循环过程将贯穿于整个系统的生命周期中，以确保持续优化和改进[103-105]。

新型智慧城市的保障体系设计应遵循如下法则：

（1）充分调研分析。保障体系的设计必须建立在对整个系统建设及运行过程的各个环节进行全面考虑和深入理解的基础上。只有在充分调研的基础上，才能确保保障体系的设计真正服务于总体框架设计，并基于对总体框架的全面了解进行科学规划和有效实施[106-107]。

（2）结合现有的资源。在进行保障体系设计时，应充分结合当前的实际情况。例如，组织保障的设计需要依据现有的领导管理机构、部门机构设置、人才储备及技术能力等因素，充分发挥现有资源的优势，确保设计的可行性和有效性[108-109]。

（3）借鉴现有经验。在电子政务和信息化建设中积累的成功经验对于保障体系设计而言，是非常宝贵且可靠的参考资料。充分借鉴这些经验，不仅可以有效提高工作效率，还能够确保各项措施的可行性，降低实施风险[110-111]。

（4）统筹考虑。保障体系的设计需要全面考虑各个方面的因素，务必对组织结构、制度设计、机制运作、人才配置、资金与资源投入、技术支持、规范标准及安全保障等多个维度进行综合评估与规划。通过统筹考虑这些要素，确保保障体系设计的完整性，从而提升智慧湖北建设的整体效果和实施效果[112]。

5.1 组织保障

为确保智慧湖北建设的顺利进行，必须完善领导推进和统筹协调机制，从而全面推动全省新型智慧城市的建设工作。为此，建立新型智慧城市建设工作领导小组，该小组将负责组织领导、统筹协调以及督查指导全市的智慧城市建设工作。专业团队将在此框架下制定新型智慧城市建设的发展规划和具体实施计划，负责组织实施相关项目建设，并及时提出可行的意见和建议，以加快湖北省新型智慧城市的推进进程。

同时，建立部门联动机制至关重要，这要求明确各个部门的任务分工，进一步加强业务协同。各部门需开放信息资源，推动形成合力，以便全面推进智慧湖北的建设。此外，成立新型智慧城市建设推进专家队伍，将为湖北省的智慧城市建设提供专业的业务和技术建议，确保建设过程中的专业指导和技术支持。

为强化沟通机制，智慧城市创建工作领导小组将定期组织召开例会，集中讨论推进智慧城市建设过程中遇到的重点和难点问题。通过这种定期的沟通协商，确保各项工作能够及时调整和优化，促进各级政府和相关部门之间的信息共享与资源整合，从而提升湖北省新型智慧城市建设的整体效率和质量。

5.2 政策保障

在现有的湖北省智慧城市建设相关政策基础上，结合实际推进智慧城市建设的需求，亟待进一步研究并制定涉及产业、人才、投融资及信息安全等多个领域的配套政策，以确保智慧城市建设的顺利实施和可持续发展。首先，应完善政务数据资源的采集、共享与交换机制，推动数据资源的高效开发和利用，同时确保个人隐私保护得到加强，提升网络与信息安全的保障水平，防止数据泄露和网络安全风险。

营造一个开放、公平、宜居的城市发展环境至关重要。为此，需要进一步降低市场准入门槛，优化营商环境，加速对外开放的进程。在高端制造业、金融业和服务业等领域，应加快开放步伐。例如，针对支付、信用评级和保险等金融服务领域，进一步取消限制，允许更多外资参与这些领域的竞争。此外，逐步取消外商在汽车、飞机等制造业中的投资限制，鼓励外资进入银行、证券和保险等市场，以扩大金融领域的开放水平。在法律、建筑和人力资源等行业，同样需要加快开放速度，确保国内外企业在市场上享有平等竞争的机会。

此外，还应稳步推进银行、保险等金融行业的开放服务，积极推动专业服务业、电信、教育、医疗和文化等领域的开放进程，特别是对研发高度依赖的医药和卫生行业，应降低市场准入门槛，加快创新药物和医疗器械的审批流程。通过加速这些行业的开放，进一步激发市场活力，为智慧城市建设提供更强大的支持和动力。

5.3 制度保障

为推动智慧湖北建设，需建立健全信息采集、登记、共享和发布等方面的规范制度，并研发制定信息共享管理办法。该办法应明确各部门在开放共享信息资源时所享有的权利和应尽的义务，确保信息共享的流程和操作细则规范透明，逐步形成完整的信息资源整合和共享利用机制，以推动跨部门信息共享及区域间的协调合作。与此同时，需制定新型智慧城市信息化项目的建设管理办法，基于上级信息化发展规划和本行政区域的国民经济与社会发展规划，结合智慧城市、信息惠民和电子政务建设规划，研究编制信息化年度建设计划，并经上级部门工作领导小组审批后组织实施。

各省直部门和单位应按照国家和省级主管部门的要求，结合本单位的信息化发展需求，制定相应的信息化专项规划，并报送智慧办备案。信息化项目的实施应遵循“六统一”的原则，即统一规划、统一建设、统一招标、统一监理、统一验收、统一资金拨付，由大数据中心、区电子政务办及项目使用单位共同负责组织落实。项目使用者需对项目的建设和运营进行监督指导，并负责项目建设进度、质量及应用的总把关，明确项目负责人具体负责推进工作。

此外，应建立联席会议制度，定期汇报智慧城市建设进展，讨论并解决智慧城市建设过程中遇到的重大问题，制定应对措施。为确保项目的高效运行，还应建立相关专家学者参与的指导联系机制，在组织协调、工作指导、标准建设、项目安排及政策制定方面提供技术支持。进一步完善智慧城市建设的技术标准与制度规范，持续跟踪观察建设情况以及各项资源的使用情况，杜绝重复建设和资源浪费，从而提高资源利用效率。

同时，完善和优化知识产权保护机制，确保在智慧城市建设过程中维护公平竞争。为此，需重点采取以下措施：一是继续完善与知识产权保护相关的法律法规，提高知识产权审查的质量与效率；二是赋予知识产权专业法院更多的权力，扩大其工作领域，优化其运行机制；三是遵循市场原则与国际专利管理规则，持续加强国际知识产权合作，特别是跨境知识产权保护领域的协调与协作；四是丰富保护手段，通过结合惩罚性赔偿机制，进一步提升知识产权的审查质量，增加打击侵权行为的力度，促进跨区域联合执法，确保知识产权保护更加高效。

5.4 资金保障

智慧城市建设的顺利推进离不开资金的有效保障。为此，智慧城市创建工作领导小组将会同财政部门进行资金的归口管理，切实加强对新型智慧湖北建设的资金支持力度，确保建设项目的持续推进。在这一过程中，需要逐步优化财政制度，建立健全科学的资金使用和分配机制，以引导资金在智慧城市建设中的高效利用，避免资金浪费。对信息化建设的经费投入进行严格管理，确保各类项目的专项资金实现统一管理、归口拨付、专款专用，严防重复投资、无效投资的情况，进一步提升资金使用效率，确保每一笔资金都能产生实际效益。

与此同时，资金保障的路径不能仅依赖政府财政投入，还需充分运用市场机制，鼓励和引导社会资本积极参与到智慧湖北的建设中来。为实现这一目标，应拓宽多元化的投融资渠道，通过创新性金融工具和灵活的融资手段，增强资金来源的多样性与可持续性。在这一过程中，政府部门和相关机构需要充分了解智慧城市建设项目的特点，尤其是公私合营（Public-Private Partnership，PPP）项目的复杂性与特殊性，探索适合该类项目的信贷产品和贷款模式。通过灵活设计金融服务方案，吸引社会资本参与智慧城市建设项目，进一步提升资金的流动性和使用效率。借助社会资本和市场力量，政府不仅能够有效分担建设过程中的资金压力，还可以为智慧湖北建设注入更多的创新动力，推动项目更好、更快地落地实施。

5.5 人才保障

为推动数字经济的创新发展和智慧湖北的建设，人才保障体系至关重要。紧抓数字经济所带来的创新属性，必须大力推进与数字经济发展相适应的人才体系建设。坚持“以人为本”的理念，确保现有人才队伍的稳定，不断强化人才的培育和引进战略，尤其是针对高端人才、创新型人才以及技能型工人的培养和吸引。通过灵活的人才引进机制，积极引进国内外优秀人才，建设一个涵盖多层次、多领域的平衡型人才梯队，确保持续稳定的人才供给。人才的多样性和综合性至关重要，因此，继续加大在数字技术、信息技术及智慧城市领域的学科建设与人才储备，通过多元化的培训和教育方式，打造一支具备创新精神、专业知识及管理能力的综合型人才队伍。为了更好地推动这一人才保障体系建设，必须从政府、企业和高校三个层面着手，构建协同发展的数字经济 - 新型智慧城市人才培养体系。

政府层面：政府在人才保障中发挥统筹协调的关键作用，制定并落实相关政策，提供财政支持以及完善基础教育和培训设施建设。政府应积极推动数字经济相关的教育改革，确保从基础教育到高等教育，都能够为各个社会阶层提供公平的学习和发展机会，尤其是针对低收入群体，帮助他们通过教育和技能培训获得参与数字经济发展的机会。同时，政府还应进一步完善终身学习体系，为现有从业人员提供持续学习的途径和平台，帮助他们应对快速变化的技术环境。

企业层面：企业作为智慧城市建设的实际参与者，应该为数字经济相关人才提供充足的资源支持，不仅是招聘和培养高素质人才，还要创造适宜的工作环境，营造积极、创新的氛围。企业需要建立起人才发展机制，鼓励员工通过在职学习、继续教育、内部培训等方式，持续提升自身的数字化技能。同时，企业也应当和高校建立长期合作关系，共同设计人才培养方案，确保培养的人才与行业需求紧密对接。

高校层面：高校作为人才培养的核心阵地，应通过加强教师的培训，提升其在数字经济和新型智慧城市领域的知识与技能。通过与企业、科研机构的合作，教师可以参与更多的实践项目，了解行业的前沿发展，从而更好地将这些新技术、新理念传递给学生。在学生培养方面，高校可以通过邀请行业专家、开展讲座和研讨会等方式，帮助学生深入了解数字经济的现状与发展趋势，激发他们对智慧城市发展的兴趣。此外，高校还应创立相关的学生社团，为有兴趣的学生提供研究和探讨数字经济和智慧城市发展的平台。最为重要的是，改革现有的课程体系，将人工智能、大数据、物联网、云计算、区块链等数字经济核心技术融入课程内容中，构建面向未来的“通识课程”模式，确保学生在毕业时具备应对数字经济挑战的能力。

通过这种三方协同发展的方式，不仅能够提升整体的人才储备能力，还可以有效解决高校毕业生就业难和企业人才需求矛盾的问题。政府、企业与高校之间的深度合作，将为智慧湖北建设提供源源不断的人才支持，加速数字经济与智慧城市的融合与发展。

5.6 运营保障

为了保障智慧湖北项目的持续推进与高效运营，建立健全的运营保障体系至关重要。首先，通过构建实施和投融资平台，依托国有投资平台、基金投资资本以及合作单位的股权投资，成立发展运营公司。该公司将作为智慧城市建设和运营的核心力量，负责向相关金融机构进行融资，推动智慧城市项目的资金周转和可持续发展。政府应大力支持这些发展运营公司的成立与成长，确保其在智慧城市建设与管理中发挥关键作用，成为整个智慧湖北建设的强大支撑力量。

为了保证市场秩序的良好运行，有必要制定一系列相关政策，包括分配政策、收费政策以及准入制度等。这些政策不仅要协调参与各方的利益，还要保障市场的公开、公平、公正运行。与此同时，完善的市场监管体系也是运营保障的重要组成部分。通过行政执法、行业自律、舆论监督以及公众参与相结合的方式，确保市场监管的全面性和有效性，指导和调控智慧城市建设运营市场的健康发展。

在建设过程中，坚持走产业化道路，通过对智慧湖北相关产业的统筹规划，推动产业集群的形成和发展。具体而言，设立智慧湖北的重大应用示范工程，以此为基础，推动关键核心技术的研发与创新，特别是在基础性和战略性关键技术领域，加大支持力度。通过这些技术突破，进一步提升智慧湖北的技术竞争力和创新能力。

在产业发展的同时，公众和企业也将在智慧湖北的建设中扮演重要角色。政府应积极引导公众和企业开展公益性或商业性的智慧湖北产品和服务，鼓励创新与实践，不仅推动产业的发展，还能提高智慧湖北的社会认知度和应用水平。通过智慧城市的建设和运营，不仅可以提升湖北的城市管理能力和效率，也将拉动相关产业的快速发展，形成智慧城市建设与产业发展的良性循环。

5.7 安全保障

为了确保智慧湖北建设中信息系统的安全性，必须定期开展对重要信息系统的安全检查，强化安全管理机制，防止潜在的安全风险。首先，应积极落实信息安全等级保护制度，严格按照国家相关法规对信息系统进行定级备案，并根据实际情况开展整改和监督检查，确保系统在运行过程中始终符合安全标准。针对不同等级的信息系统，需进行对应级别的安全审查和风险评估，提前识别潜在威胁，并采取相应的防范措施，确保信息系统的安全可控。

为了加强信息资源共享过程中的安全保障，必须制定一套详细的规范，明确共享信息资源的使用权限、条件以及保密要求。这些规范不仅适用于智慧湖北建设中的各类信息资源，还应覆盖整个信息共享系统的运行过程。任何单位或个人在使用信息资源时，均必须严格遵守相关规定，杜绝违规操作。如因违规行为导致信息泄露，相关责任人及其所在单位需承担相应的责任，以确保安全保障工作的严肃性和有效性。

在信息安全标准规范方面，需要建立以信息安全技术、业务流程和监管标准为基础的规范体系，覆盖智慧湖北建设的各个环节。这些标准应当在信息系统建设、维护、运营等方面得到全面贯彻和落实，确保智慧湖北项目在信息安全领域有强有力的保障。信息安全标准的严格执行，不仅能有效防范信息泄露、数据篡改等安全隐患，还能增强系统的整体安全性能，提高公众对智慧城市信息安全的信心。

为了进一步提升智慧城市的安全保障能力，还应推动信息安全技术的不断升级和优化，通过引入先进的信息加密、防火墙、入侵检测等技术手段，提升整体信息系统的防护水平。同时，建立健全应急预案和响应机制，确保在发生信息安全事件时，能够快速响应并采取有效的补救措施，将安全威胁降到最低。

5.8 规 范 保 障

为了确保湖北省新型智慧城市工程建设的顺利推进，必须不断完善相关的技术标准和规则规范，构建一套系统且全面的标准体系。首先，应出台并落实智慧城市建设的管理规范和标准体系，明确智慧城市各个环节的操作流程，尤其是在信息化基础设施建设、智慧应用部署以及信息化评估等方面，确保各个环节的建设和运行都有据可依。根据这些规范和标准，制定推动信息化促进经济发展的政策、项目管理和绩效评估办法，确保智慧城市建设有条不紊地推进。

在此基础上，还需要细化各类标准规范的具体实施细则，以增强它们的可操作性。特别是在基础信息采集、信息资源共享目录标准、信息系统接口标准等方面，制定完善的技术标准，确保在信息的采集、传输和共享过程中，各系统能够顺畅对接，形成一套统一、高效的信息化建设流程。同时，这些技术标准还应涵盖信息安全、数据保密和访问权限等方面，确保在信息资源共享过程中，隐私和安全得到充分保障。

此外，智慧城市的建设不仅仅是技术层面的工程，还涉及各级各部门之间的信息共享和业务协同。为此，有必要在各委办局之间进一步完善信息共享和业务协同的标准规范，并确保这些规范能够在日常工作中得到有效贯彻。通过加强各部门间的协作，打破信息壁垒，推动各项智慧应用的高效运行，提升整体城市管理的智能化水平。

同时，制定完善的信息系统接口标准，将有助于实现跨部门、跨区域的信息互联互通。这些接口标准应确保不同系统在数据交换时的一致性和稳定性，提升信息化系统的兼容性和扩展性，避免重复建设和资源浪费。此外，需建立相应的监督和评估机制，定期检查和优化标准规范的执行情况，确保智慧城市的各项标准规范能够随着技术发展和实际需求的变化不断完善和改进。

第 6 章

实施路径研究

前述5个章节明确了湖北新型智慧城市发展现状、建设重点及保障机制研究，以及实施统筹部署五大共性支撑平台、推动实施二十项重点智慧应用。按照各智慧应用需求缓急，总结湖北新型智慧城市建设可以按以下三个步骤进行。

6.1　近期：夯实基础，急用先行

在“智慧湖北”建设的第一阶段，关键任务是夯实信息基础设施建设，优先补强一批能够满足共性需求的支撑能力。这一阶段的核心在于强化湖北省全省范围内的信息收集和传递体系，特别是推动政务网络的不断完善，确保从省级到市、州、县各个层级的网络架构健全，并向乡镇一级延伸，确保基层政务单位能够有效参与到信息化建设中。此外，还需尽快完成各级云平台的建设，并投入使用，为信息存储和处理提供强有力的技术支持。

需大力推动各部门的自建信息化应用分步迁移至统一的云平台，实现集中承载和统一管理，这不仅能够提高信息化建设的效率，还能有效降低系统的维护成本和开发费用，为未来的信息化建设和发展奠定基础。在此过程中，要逐步构建统一的政府办公平台、统一的共享交换平台以及统一的数据库等跨部门通用支撑应用平台。这些平台的建成，将成为各部门间数据交互与业务协同的基础，为智慧湖北的各项应用提供强大的技术支撑。

还需尽快打通与市政交换平台等业务支撑平台的互联数据通道，确保信息能够在不同部门和平台之间实现顺畅的流通和共享。通过构建一个纵向贯通、横向整合的立体式数据流通与交换架构，可以为各级政务部门在开展跨部门协同工作时提供支持，推动政务服务的智能化、便捷化。同时，这一架构也为未来创新业务应用模式的实现提供了可能，为湖北省在政务服务、民生服务以及企业服务方面打下坚实的基础。具体建设内容如下。

6.1.1 制度保障的建立

为确保湖北省智慧新城建设的顺利推进，建议在湖北省智慧新城建设领导小组的全面领导下，建立一套系统的制度保障机制。在此机制中，各级县域管理部门应充分发挥其整体管理职能，以协调各方资源，促进信息共享与业务协同。同时，地级市的大数据管理局应充分利用其在专业科研技术和专家团队方面的优势，积极推动数字化进程和智慧城市建设。

在具体实施过程中，应对湖北省智慧新城建设进行合理的总体规划，并建立相应的制度框架，以确保各项工作的高效推进和有序实施。此外，建议在建设过程中实行全过程的跟踪与监督，以确保各项政策和规划能够落实到位，及时发现和解决在推进过程中的问题。通过这样的制度保障，可以有效提升智慧新城建设的科学性和可操作性，为实现高质量的发展目标提供坚实基础。

6.1.2 确定云存储中心

对湖北各市州县提出建立云存储中心的建设要求，在选择云服务器运营商时，需要考虑经济性、安全性、稳定性和可靠性等问题，建议与电信运营商合作。电信运营商作为国企一方面可以更好地进行项目配套和服务，另一方面不易发生市场影响导致的业务调整等情况。在租用服务器方面，建议选择托管私有云方案，这样在保障安全性的同时可以减少维护成本，提高使用效率。在应用部署和数据存储方面，应充分考虑政务数据的重要性和保密性。建议采用"一主一备"远程容灾备份部署模式，主中心选择一家电信运营商进行日常应用和维护，备份中心选择另一家电信运营商进行多地容灾备份，形成"双保险"，避免政务数据丢失、泄露、损坏等风险。

湖北省市、州、县数据中心作为湖北省智慧城市建设的重要组成部分，一方面搭建共享交流平台，可从根本上解决信息孤岛和信息烟囱问题；另一方面通过数据主体化管理，可实现数据资源池管理，方便各业务系统调用使用，从而推动城市数字经济发展。为保障数据中心建设成效，真正起到数据资源整合、治理、共享、分析的作用，整个数据中心平台需要有数据交换平台、数据实时同步工具、数据资源动态调度系统、数据共享服务平台、数据资源目录系统、数据资源管理系统、数据监控管理系统、数据质量管理系统、商业智能分析平台等。

数据中心数据库管理系统作为整个数据中心的核心底层管理产品，建议数据库产品需具备易用性、兼容性、可靠性、安全性等特性，各特性的具体要求如下。

1. 易用性要求

（1）具备图形化、命令行、静默等三种方式进行产品安装以适应不同的使用环境，在不同的软件和硬件平台下维护相同的安装向导过程。

（2）具备多种功能的命令行工具和图形化工具，便于使用管理和自定义集成。应提供用于远程结构化查询语言（Structured Query Language，SQL）执行和管理以及图形对象管理和 SQL 执行工具的命令行工具、性能监控工具。为基于服务器的本地服务管理提供图形化工具。不同平台的工具操作界面和方式统一。

（3）具备一个向导数据库迁移工具，可以轻松快速地在同构和异构数据库之间迁移数据库。

（4）具备免费的集中式数据库管理和操作维护工具，支持图形化向导配置和一键式集群部署。支持命令行一键式集群部署。

（5）浏览器 / 服务器（Browser/Server，B/S）结构的数据库管理工具可以远程管理对象和调试 SQL 执行。

2. 兼容性要求

（1）兼容国内外主流厂商硬件，支持多种硬件体系，可运行于 X86、X64、SPARC、POWER8、龙芯、飞腾、申威等硬件体系之上，确保在各种平台上有一致的数据存储结构和通信协议，以便产品的各种组件或工具可以跨不同的软件和硬件平台与数据库服务器交互。

（2）兼容国内外主流操作系统，需要提供基于红帽、凝思、麒麟及其他常用 Linux、Windows、Unix 等多种通用 / 专有操作系统的数据库产品分发版本。

（3）可以跨不同的操作系统平台（如 Windows 和 Linux、32 位和 64 位）恢复逻辑备份和物理备份。

（4）兼容多种数据库开发接口和开发平台，包括但不限于 ODBC、JDBC、OLE DB、PHP、Ado.net、Python、Hibernate、PowerBuilder、Delphi、Kylix 、JBuilder、Visual studio、Eclipse。

（5）兼容多种应用中间件，包括但不限于 Tomcat、Weblogic、Websphere、东方通、中创、金蝶。

（6）兼容多种字符集，包括但不限于 GBK、GB18030 和 Unicode。

（7）提供与异构数据库兼容的语法与功能，同时支持序列和自增量、事件触发器、按层次查询连接、合并语法、带 as 查询、插入多行批插入语法、同义词和包。

（8）与多种 Oracle 语法和接口兼容，包括但不限于序列、分析函数、PL/SQL、HINT、注释、数组、常用系统函数、dbms_ 开头的系统功能包以及 OCI、OCCI、OO4O 等接口。

（9）可调整配置参数以与不同数据库（如 Oracle、SQLServer 和 Mysql）的语法兼容。

（10）支持从其他主流数据库到本地数据库的数据无损迁移，包括国内外主流数据库管理系统。对于不同操作系统的数据库，有成熟的迁移方案。

3. 可靠性要求

（1）支持逻辑备份恢复，可对库、用户、模式、表、选定的数据行进行备份和恢复，可以显示进度，支持压缩、加密和并行处理，支持导入时对原有数据进行 SKIP、APPEND、TRUNCATE、REPLACE 等操作。支持跨平台恢复。

（2）支持物理备份和恢复，支持在线和离线备份，支持对库、表空间、表和归档的多粒度备份、基于备份集的备份、完整备份和增量备份的备份和恢复以及基于时间点的恢复。支持备份的并行处理、压缩和加密。通过图形管理工具、命令行工具、rman 工具和其他方法支持备份和恢复。

（3）支持数据库级别的主备技术（不依赖数据库之外的软件和技术），当主机发生故障时，支持故障切换，且切换时间要求为秒级。

（4）支持异地远程备份机制，能通过低带宽虚拟专用网络（Virtual Private Network，VPN）的方式将数据备份到远程异地服务器，并且支持异地备份服务器也是处于活动（ACTIVE）状态，能接管应用请求，支持全国范围内的业务双中心方式。

（5）支持读写分离集群技术，可以根据需要实现不同的读写负载分配，提高系统效率，且主备之间数据的同步基于数据库底层日志的解析和重做，并能提供核心应用案例证明。

（6）支持基于磁盘共享式集群的方式，提高系统的并发处理能力和稳定性，至少支持两个节点以上，并能支持基于裸设备和自动存储管理（Automatic Storage Management，ASM）两种方式。

（7）支持基于数据冗余的大规模并行处理（Massively Paraller Processing，MPP）架构，提高系统大数据处理能力，同时提供数据可靠性，至少支持 32 节点。

（8）支持第三方备份软件和硬件进行备份，可提供应用程序编程接口（Application Programming Interface，API）级别的备份接口。

4. 安全性要求

（1）限制用户的安全属性和可访问资源，并对表提供空间配额限制，以防止各种恶意资源抢占攻。

（2）支持通信和存储加密功能，并支持为不同数据库对象和不同用户使用可配置的加密算法和密钥，加密过程对用户透明，支持加载第三方加密算法。

（3）加密数据采用块加密技术，确保系统在安全加密情况下的效率损失在 10% 以内。

（4）支持并行加密和多线程加密，确保系统数据的加密效率。

（5）支持基于会话密钥的存储加密，不同的数据库用户无法查询彼此的加密数据内容，并且该过程对用户是透明的。

5. 功能要求

（1）支持系统性能监控动态视图，覆盖存储模块信息、内存管理信息、事务信息、线程信息、操作历史信息等，能够查看系统 SQL 执行的详细执行计划，并利用这些信息对数据库进行深度优化。

（2）支持基于成本的全局优化功能，实现基于成本的查询机制，能够选择合适的查询计划；并支持查询提示技术，可以手动调整查询计划。

（3）提供在线事件跟踪、会话和性能监视工具，以协助数据库管理员进行系统性能分析。

（4）支持表的范围分区、哈希分区和垂直分区的分区机制。

（5）支持物化视图功能。

（6）存储过程以预编译模式执行，调用时直接执行，无须编译。

（7)提供完整的触发器功能，支持插入触发器、更新触发器、删除触发器、元组级触发器、语句级触发器、修改前触发器、修改后触发器等触发器类型。

（8）支持可编程 SQL、存储过程、函数和过程包，用于实现复杂的判断和运算功能；可编程 SQL 应支持数组类型、内嵌表类型和动态 SQL 类型等。

（9）支持外部链接功能，可通过外部链接与本地数据库在同一事务中操作远程数据库。

（10）支持基于回滚段技术的原生态多版本并发控制（Multi-Version Concurrency Control，MVCC）技术，行级锁技术，不会发生锁升级。

（11）支持数据库闪回技术，将数据库恢复到之前的某一状态。

（12）支持表级行式、列式存储选项（与专门的列存数据库不同，是在通用数据库版本中增加对列存选项的支持），同时提供出色的联机分析处理和联机事物分析性能。

（13）支持行列混合查询，可在同一个 SQL 查询中，对行存储表和列存储表进行访问。

（14）列存储功能支持分段压缩技术和粗粒度智能索引。优化器可以根据成本计算自动选择最优执行计划和指标。

（15）支持数据库批量数据处理技术，充分利用中央处理器（Central Processing Unit，CPU）的缓存，提高数据库的效率。

（16）提供丰富的分析函数，如 AVG OVER、COUNT OVER、MAX OVER、MIN OVER、SUM OVER、RANK OVER、DENSE_RANK、ROW_NUMBER、FIRST、LAG、WM_CONCAT 等。

（17）支持类似 Java 语言风格的 SQL 过程语法，方便 C/C++/Java 程序开发人员进行 SQL 的编程工作。

（18）支持同品的抽取、转换和加载（Extract、Transform、Load，ETL）工具、支持决策的数据仓库、联机分析处理工具和数据挖掘等工具。

（19）ETL 工具的单个组件支持并行清洗与并行加载，并提供分布式多节点监控工具。

（20）支持异构数据库的实时同步工具采用非侵入式实现，依托底层日志传输技术，低宽带占用，源端支持 Oracle 单机和 Rac 多种方式。

6. MPP 集群要求

（1）支持点对点无共享架构，每个节点在整个系统中的角色相同，可以连接到其中任何一个节点进行全局操作，也可以到指定节点局部登录。

（2）具有海量数据处理能力，支持多节点数据分散，支持随机分布、范围分布、哈希分布、列表分布、复制分布等多种数据分布形式。

（3）支持 MPP 系统下数据的添加、删除、修改和查询。

（4）支持对数据分布字段进行更新操作，更新后自动进行数据重新分布。

（5）具有对大量数据进行分区和管理的能力，支持表的范围分区、哈希分区、列表分区和垂直分区等分区机制，支持自动分区，支持多级分区机制。

（6）支持多类型的数据，包括整型、字符、日期时间、大字段（Blob、Clob）等数据类型，面向对象数据类型、空间数据类型、XML 数据类型。

（7）支持数据库外部链接（dblink），可以在分布式并行数据库之间以及分布式并行数据库与传统关系数据库之间进行远程查询访问。

（8）具备高性能，支持数据压缩、批量计算、并行计算，提供大数据量快速加载工具。

（9）提供基于成本的全局优化功能，实现基于成本的查询机制，支持查询提示技术，可以手动调整查询计划。

（10）提供物化视图、位图索引和位图连接索引等数据预处理技术。

（11）具备可靠性，在单个或多个节点故障重启时，依然能保证事务的原子性、一致性、隔离性、持久性（Atomicity，Consistency，Isolation，Durability，ACID）特性，不会丢失数据。

云存储系统已经成为大数据时代的主流存储方式，在功能实用性及数据安全性、传输高效性上有成熟技术，已应用于多个行业和领域。根据目前国内应用，成熟的分布式存储技术应具备统一存储能力，满足文件级、块级同时在同一套存储内应用，云存储系统的高可靠性保证数据安全，满足在线扩容或减容的要求。实现信息共享，线上线下协同办理，各个部门及用户可以访问数据中心数据，能够实现文件数据管理，并可按需进行数据分享、即时通信等。满足灵活部署模式，可支持应用存储复用模式部署，也支持存储系统与应用单独部署，给业务应用提供便利。

6.2 中期：深化创新，重点突破

在“智慧湖北”第二阶段的建设中，重点将聚焦于推动部分成熟应用的深化和完善。这一阶段将依托全省统一的数据交换体系，充分利用现有的基础数据资源优势，努力提升文化、旅游、社区、教育、医疗、社保等领域应用服务的效能，进一步提升市民在智慧城市建设中的感知体验。通过这一系列措施，旨在使市民能够更直观地感受到智慧城市带来的便利和改善。

同时，依托全省统一的网格化管理系统，将推动城市交通、环保、公安、综治等各个业务领域的治理能力向更加精细化和智能化的方向发展。这种治理模式不仅提高了效率，也增强了城市管理的科学性和前瞻性，为市民提供更加安全、便捷的生活环境。

此外，围绕大型装备制造、建材加工和大物流产业的基础，湖北省还将致力于打造一批智能制造、智慧物流、多式联运和电子口岸等试点项目。通过这些试点，带动工业、通关、物流和外贸等支柱产业链条的不断延伸和集群式发展，从而促进智慧生态旅游、智慧养老等新兴产业的规模壮大。最终形成“一极驱动、多区并进”的产城融合互动发展良好局面，实现经济与社会的全面协调发展。

6.3 远期：全面提升，示范引领

“智慧湖北”第三阶段的建设将建立在一个完备的区级跨部门立体式数据资源流通网络基础上，着力推动城市数据资源的增值开发，深入研究和探索这些资源的深度利用，进而推动一批具有创新性应用的发展。这些应用将有力支撑湖北省各市州县在各个领域的业务应用，实现更加高效、精准和智能的服务。

在民生领域，将全面推广多级诊疗、跨区域转诊互认、远程教育、智慧社区社会化服务以及“互联网+旅游”等新模式，旨在提升市民的生活质量和幸福感，让智慧城市的红利惠及每一个人。

在城市运行管理方面，借助多维度数据的综合分析，将推动智慧水务、智慧交通、智慧环保、智慧城管、智慧公安等各个业务领域向更加精准和高效的方向发展。这种基于数据的管理模式将优化资源配置，提高城市治理的科学性和有效性，使城市管理更具前瞻性和可持续性。

在产业发展方面，将充分发挥智能制造和设施农业的试点示范市场效应，积极引导加工制造、物流和农业等产业进行数字化、智能化转型，力求基本实现湖北产业经济运行的新旧动能转换目标。这一转型将有助于提升产业的竞争力，实现可持续发展，为湖北省的经济腾飞提供强大动力。通过这些举措，智慧湖北将不仅仅成为一个智慧城市的典范，更是全国范围内的示范引领，推动区域经济的全面提升与进步。

第 7 章

湖北新型智慧城市数据共享平台建设全方位剖析

在当今数字化浪潮席卷全球的时代背景下，智慧城市建设已然成为推动城市可持续发展、提升城市综合竞争力以及居民生活品质的核心关键路径。湖北省积极响应时代号召，全力投身于新型智慧城市建设的伟大实践中。而数据共享平台作为这一建设工程的核心支撑体系，其建设意义深远且重大，涵盖了多个方面的关键内容。

7.1 数据库管理系统

7.1.1 易用性

数据库管理系统的易用性是决定其能否广泛应用以及高效管理的关键要素。在安装阶段，它提供了图形、命令行和静默三种安装方式。这一精心设计充分考量了不同用户群体的技术背景和操作习惯。无论是习惯图形界面操作的普通用户，还是擅长运用命令行指令的专业技术人员，都能找到最契合自身的安装途径。更为重要的是，在各类硬件平台，以及不同的软件环境下，安装向导始终保持高度一致，这极大地降低了安装过程的复杂性和难度。

远程结构化查询语言（Structured Query Language，SQL）执行和管理的命令行工具，让管理员能够突破地域的限制，高效地对数据库进行各种操作。图形化的对象管理和 SQL 执行工具，以直观的界面呈现数据库对象和执行过程，显著降低了操作门槛，即使是初学者也能快速上手。性能监控工具犹如数据库的“健康卫士”，实时监测系统性能，为数据库的优化提供了精确的数据支持。而且，这些工具在不同平台上的操作界面和方式高度统一，使用户在切换平台时无须重新学习，大大提高了管理效率。

数据库迁移是数据库管理中的重要环节，该系统的向导数据库迁移工具发挥了关键作用。无论是同构数据库之间的数据迁移，还是异构数据库间的数据无缝对接，它都能轻松应对。通过简洁明了的向导式操作流程，用户只需按照提示逐步操作，即可快速完成迁移任务，有效减少因迁移过程复杂而可能导致的数据丢失或错误风险，确保数据在不同数据库环境间的平稳过渡。

免费的集中式数据库管理和操作维护工具进一步提升了系统的易用性。图形化向导配置功能让管理员能够像操作向导软件一样轻松完成复杂的配置任务。一键式集群部署功能无论是通过图形界面还是命令行操作，都能快速实现集群的搭建，大大缩短了系统部署时间，降低了运维成本，使数据库的管理和维护更加便捷高效。

此外，浏览器 / 服务器架构的数据库管理工具为远程管理提供了强大支持。用户无需在本地安装专门的管理软件，只需通过浏览器即可远程进行对象管理和 SQL 执行调试。这一特性在分布式办公环境或需要远程维护数据库的场景下尤为重要，极大地提高了管理的灵活性和便捷性，真正实现了随时随地对数据库进行管理和维护。

7.1.2 系统功能

系统性能监控动态视图是数据库管理系统的重要功能之一，它犹如一个精准的数据仪表盘，全面覆盖存储模块信息、内存管理信息、事务信息、线程信息、操作历史等丰富内容。通过这一视图，管理员能够深入了解数据库的运行状态，精准掌握系统 SQL 执行的详细执行计划。基于这些详细信息，管理员可以对数据库进行深度优化，如调整存储分配策略、优化内存使用、改进事务处理流程等，从而确保数据库始终处于高效运行状态，满足不断增长的业务需求。

基于成本的全局优化功能是提升查询效率的核心机制之一。它通过对查询过程中的各种成本因素进行综合评估，如数据读取成本、计算资源消耗成本等，实现基于成本的查询机制，从而能够为每个查询选择最合适的查询计划。同时，查询提示技术为管理员提供了手动调整查询计划的能力，在某些复杂业务场景下，当自动优化无法达到最佳效果时，管理员可以根据自己的经验和对业务的深入理解，通过查询提示技术对查询计划进行微调，进一步提高查询性能，确保数据能够快速准确地被获取。

联机事件跟踪、会话和性能监视工具为数据库管理员提供了强大的系统性能分析手段。联机事件跟踪工具能够实时捕捉数据库中的各种事件，如用户登录、数据修改、查询执行等，为管理员提供详细的事件日志。会话监视工具则可以监控每个用户会话的状态和活动，帮助管理员发现潜在的问题，如长时间未响应的会话或资源占用过高的会话。性能监视工具持续监测数据库的各项性能指标，如中央处理器使用率、内存使用率、磁盘等，当发现性能异常时，能够及时发出警报。这些工具相互配合，为管理员提供了全面、实时的系统性能分析能力，使管理员能够迅速定位问题并采取相应的优化措施。

分区机制是提高数据管理效率和查询性能的重要手段。该系统支持对表进行范围分区、哈希分区和垂直分区等多种分区方式。范围分区适用于数据按照一定范围分布的场景，如按照时间范围对数据进行分区，能够方便地对不同时间段的数据进行管理和查询。哈希分区则通过哈希算法将数据均匀地分布到不同的分区中，在需要对大量数据进行并行处理时，能够充分发挥系统的并行处理能力。垂直分区将表中的列按照一定规则进行拆分，存储在不同的分区中，在某些查询只需要获取部分列数据时，可以减少数据读取量，提高查询效率。通过合理运用这些分区机制，管理员可以根据数据的特点和业务需求，对数据进行高效的组织和管理，显著提升数据库的整体性能。

物化视图功能在数据处理和查询优化方面具有重要作用。物化视图是将查询结果预先计算并存储起来的一种机制，当用户执行与物化视图相关的查询时，系统可以直接从物化视图中获取结果，而无须重新执行查询语句，大大提高了查询响应速度。特别是在一些复杂查询或频繁执行的查询场景下，物化视图能够显著减少查询执行时间，减轻数据库的负载，提升系统的整体性能。

存储过程以预编译模式执行是提高程序执行效率的关键之一。在传统的数据库操作中，每次执行 SQL 语句都需要进行编译过程，这在频繁执行相同或相似的操作时会消耗大量的系统资源。而该系统中的存储过程在调用时直接执行预编译后的代码，无需再次编译，大大减少了执行时间，提高了系统的响应速度。存储过程还可以将一系列相关的数据库操作封装在一起，实现复杂的业务逻辑，提高代码的复用性和可维护性，使数据库应用程序的开发更加高效。

完整的触发器功能为数据库的自动化处理提供了强大支持。该系统支持插入触发器、更新触发器、删除触发器、元组级触发器、语句级触发器、修改前触发器、修改后触发器等多种触发器类型。例如，在数据更新时，可以通过更新触发器自动记录数据的修改历史，保证数据的可追溯性。在数据插入时，插入触发器可以对插入的数据进行合法性检查，确保数据的准确性和完整性。触发器的应用能够实现数据库操作的自动化，减少人工干预，提高数据处理的准确性和及时性。

可编程SQL的支持为实现复杂的业务逻辑提供了有力工具。该系统支持存储过程、函数和过程包，开发人员可以利用这些功能编写复杂的判断和运算功能。可编程SQL还支持数组类型、内嵌表类型和动态SQL类型等丰富的数据类型，进一步扩展了SQL的表达能力。

外部链接功能实现了远程数据库与本地数据库在同一事务中的协同操作。在分布式应用环境中，不同的数据库可能存储着相关的数据，通过外部链接功能，远程数据库可以像本地数据库的一部分一样进行操作，确保了数据的一致性和完整性。例如，在一个涉及多个分支机构数据的业务流程中，各分支机构的数据库可以通过外部链接与总部数据库进行交互，在同一事务中实现数据的更新和查询，保证了整个业务流程的数据一致性，避免了数据不一致带来的业务风险。

原有的多版本并发控制技术和基于回滚段技术的行级锁技术是保证数据库并发处理能力和数据一致性的重要基础。多版本并发控制技术允许不同的事务在同一时间对数据库中的同一数据进行读取操作，每个事务看到的数据版本可能不同，从而避免了读锁的竞争，提高了并发读取的效率。基于回滚段技术的行级锁技术则在数据修改时，只对需要修改的行进行加锁，而不是对整个表加锁，减小了锁的粒度，降低了锁冲突的概率，提高了并发修改的性能。并且，该系统不会进行锁升级，保证了在高并发环境下系统的稳定性和性能表现。

数据库闪回技术为数据恢复提供了强大的时间回溯能力。在实际应用中，可能会出现误操作或数据损坏的情况，数据库闪回技术能够将数据库恢复到之前的某一状态，帮助用户快速找回丢失的数据或纠正错误的操作。这一技术大大减少了因数据丢失或错误操作带来的损失，提高了数据的安全性和可靠性，为数据库的稳定运行提供了有力保障。

表级行式、列式存储选项的支持为不同类型的数据处理提供了优化方案。行式存储适用于频繁进行事务处理的场景，如在线交易系统，因为它在数据插入和更新时能够快速定位到对应的行，保证事务处理的高效性。列式存储则在数据分析和报表生成等场景下具有优势，因为它能够快速读取整列数据，提高数据分析的效率。该系统在通用数据库版本中增加对列存选项的支持，并提供了出色的在线分析处理和在线事物分析能力，用户可以根据具体的业务需求选择合适的存储方式，实现性能的最大化。

行列混合查询功能进一步增强了数据查询的灵活性。在实际业务中，可能需要同时对行存储表和列存储表进行访问，行列混合查询允许用户在同一个 SQL 查询中实现这一操作，打破了传统存储方式的限制。例如，在一个既有事务处理又有数据分析需求的应用系统中，用户可以通过行列混合查询在一次查询中获取事务表中的部分行数据和分析表中的整列数据，满足复杂的业务查询需求，提高了数据查询的效率和灵活性。

列存储功能的分段压缩技术和粗粒度智能索引是提高数据存储和查询效率的重要手段。分段压缩技术能够根据数据的特点对列数据进行分段压缩，减少数据存储空间，提高存储效率。粗粒度智能索引则能够快速定位到需要查询的数据段，减少不必要的数据扫描，提高查询速度。优化器可以根据成本计算自动选择最优执行计划和指标，进一步提升了系统的性能，确保在列存储方式下数据的高效处理和查询。

数据库批量数据处理技术充分利用 CPU 的缓存机制，提高了数据库的处理效率。在处理大量数据时，传统的逐行处理方式效率较低，而批量数据处理技术将数据分成多个批次进行处理，每次处理一批数据时，能够充分利用 CPU 的缓存，减少数据在内存和 CPU 之间的传输次数，提高数据处理速度。这一技术在数据导入、导出以及大规模数据更新等场景下具有显著的优势，能够大大缩短数据处理时间，提高数据库的整体性能。

丰富的分析函数为数据分析提供了强大的工具支持。函数涵盖了平均值、计数、最大值、最小值、求和、排名等多种常用的数据分析操作。这些函数可以直接在 SQL 查询中使用，方便用户对数据进行统计分析和处理，无须编写复杂的自定义函数或借助外部工具，提高了数据分析的效率和便捷性，满足了不同业务场景下的数据分析需求。

SQL 过程语法为程序开发人员带来了极大的便利。这种语法风格使得开发人员能够以熟悉的方式编写 SQL 程序，降低了学习成本和开发难度。在开发数据库应用程序时，开发人员可以更加高效地将 SQL 语句与程序逻辑相结合，实现复杂的业务功能，提高了开发效率和代码质量，促进了数据库应用程序的快速开发和部署。

对支持决策的数据仓库、联机分析处理工具和数据挖掘工具等的支持，进一步拓展了数据库的应用场景和功能。支持决策的数据仓库为用户提供了数据分析和决策支持的平台，通过与数据库的紧密集成，能够快速获取和分析数据，为用户决策提供有力依据。联机分析处理工具和数据挖掘工具则帮助用户从大量数据中发现潜在的模式和规律，挖掘数据的价值，为相关业务发展提供创新动力。

7.1.3 兼容性

兼容性是数据库管理系统在复杂计算机环境中稳定运行的关键保障。在硬件兼容性方面，系统应能够在多种硬件体系上稳定运行。无论是传统架构服务器，还是新兴的国产自主可控硬件平台，都应能确保系统的正常运行。并且，在不同硬件平台上，系统保持了一致的数据存储结构和通信协议，这意味着系统的各种组件或工具可以无缝地跨平台与数据库服务器进行交互，大大降低了系统集成的难度和成本。

在操作系统兼容性方面，要求数据库管理系统与多种通用 / 专有操作系统高度兼容，并提供相应的数据库产品分发版本。无论是企业级应用中广泛使用的操作系统，还是在服务器领域占据重要地位的 Linux 操作系统家族，以及一些特定行业使用的 Unix 操作系统，都能顺利安装和运行该数据库管理系统。这种广泛的操作系统兼容性使得用户可以根据自身的业务需求和 IT 基础设施现状，自由选择合适的操作系统，而无需担心数据库系统的适配问题。

跨不同操作系统平台的备份恢复功能是该系统兼容性的重要体现之

一。无论是在 Windows 和 Linux 之间，还是 32 位和 64 位操作系统之间，用户都可以方便地进行逻辑备份和物理备份的恢复操作。这一功能在政府部门进行系统升级、迁移或灾难恢复时尤为重要，确保了数据在不同操作系统环境下的可移植性和可用性，为政府部门的业务连续性提供了有力保障。

兼容多种数据库开发接口和平台是系统能够与其他应用程序紧密集成的关键因素之一。应支持多种常见的数据库开发接口和平台。这使得开发人员可以使用自己熟悉的开发工具和编程语言，轻松地与数据库进行链接和交互，开发出功能强大的数据库应用程序。例如，开发人员可以通过接口方便地访问数据库，进行数据查询、插入、更新等操作，可以利用相应的库和接口，快速实现与数据库的集成，满足不同业务场景下的开发需求。

在字符集兼容性方面，数据库管理系统应支持多种字符集，能够满足不同语言环境和数据编码需求。在全球化的业务环境中，政府部门可能会处理来自不同国家和地区的文本数据，多种字符集的支持确保了这些数据能够在数据库中正确存储和处理，避免了因字符集不兼容而导致的数据乱码或丢失问题，保证了数据的完整性和准确性。

提供与异构数据库兼容的语法与功能是实现不同数据库之间数据交互和共享的重要基础。该系统应该支持序列和自增量、事件触发器、按层次查询连接、合并语法、带公共表表达式（Common Table Expressions，CTE）查询、插入多行批插入语法、同义词和包等与异构数据库兼容的语法和功能，这使得在与其他数据库进行数据迁移、同步或联合查询时，能够更加顺畅地进行操作，减少了因语法差异而带来的兼容性问题，提高了数据处理的效率和准确性。

可调整配置参数以与不同数据库的语法兼容的特性，进一步增强系统的灵活性和适应性。在实际应用中，政府部门可能会同时使用多种不同类型的数据库，通过调整配置参数，该系统应具有模拟其他数据库的语法和行为的功能，使得在不同数据库之间进行数据迁移和交互时更加顺畅，减少了因语法差异而导致的错误和问题，提高了系统的兼容性和可扩展性。

支持从其他主流数据库到本地数据库的数据无损迁移是该系统的重要

优势之一。无论是国内外主流的数据库管理系统，还是不同操作系统下的数据库，系统都有成熟的迁移方案。在企业进行数据库升级、替换或数据整合时，能够确保数据的完整性和准确性，避免数据丢失或损坏，大大降低了迁移风险。

7.1.4 可靠性

可靠性是数据库管理系统的核心品质之一，关乎数据的安全与系统的持续运行。在数据备份与恢复方面，该系统的逻辑备份恢复功能极为强大。允许对库、用户、模式、表以及选定的数据行进行精细备份与恢复操作，并且在备份和恢复过程中能够清晰显示进度，让管理员随时掌握任务状态。支持压缩、加密和并行处理技术，压缩功能可有效减少备份数据的存储空间，加密则保障数据在存储和传输过程中的安全性，并行处理大幅提升了备份与恢复的效率。在数据导入时，提供了多种操作选项，满足不同场景下的数据导入需求，如跳过重复数据、追加新数据、清空原有数据后导入或替换原有数据等。尤为重要的是，支持跨平台恢复功能，这使得在不同硬件和操作系统环境下的数据迁移与恢复变得更加便捷，有效应对复杂的 IT 架构变化，确保数据的可用性与完整性不受环境影响。

物理备份和恢复同样表现卓越。它支持在线和离线两种备份方式，在线备份确保业务系统在运行过程中数据持续得到保护，离线备份则在特定情况下提供额外的数据安全保障。对于库、表空间、表和归档等对象，能够进行多粒度的备份操作，从整体数据库到具体的表空间和表以及归档日志，都能精准备份。基于备份集的备份、完整备份和增量备份等多种方式可供选择，管理员可根据数据变化频率和业务需求灵活制定备份策略。例如，对于数据变化频繁的业务表，可采用增量备份结合定期完整备份的方式，在节省存储空间的同时保证数据的可恢复性。基于时间点的恢复功能更是强大，能够将数据库精确恢复到过去的某个特定时间点，有效应对因误操作、数据损坏或系统故障等导致的数据丢失问题，最大程度减少业务损失。通过图形管理工具、命令行工具和其他多种方法，管理员可以方便地执行备份和恢复操作，满足不同操作习惯和场景的需求。

数据库级别主备技术是保障系统高可用性的关键。在主机发生故障时，系统能够迅速进行故障切换，切换时间达到秒级，确保业务的连续性。这种快速切换机制基于数据库底层的高效同步和监控机制，主备服务器之间实时保持数据一致性，当检测到主机故障时，备机能够立即接管应用请求，用户几乎感觉不到业务中断。这一技术在金融、电信等对业务连续性要求极高的行业中尤为重要，有效避免了因系统故障导致的长时间业务停顿，保障了政府部门的正常运营和用户服务质量。

异地远程备份机制为数据安全提供了额外的保障。通过低带宽的方式，数据能够安全地备份到远程异地服务器。远程备份服务器处于启用状态，具备接管应用请求的能力，支持全国范围内的业务双中心方式。这种架构在应对区域性灾难时发挥着关键作用，如地震、火灾等自然灾害或大规模网络故障导致本地数据中心无法正常运行时，异地备份中心可以迅速启用，确保业务的持续运行，实现数据的异地容灾，大大降低了因单一数据中心故障而导致数据丢失和业务中断的风险。

读写分离集群技术有效提升了系统的性能和扩展性。根据业务的读写负载需求，系统可以灵活地实现不同的读写负载分配策略。在高并发的读操作场景下，如电商平台的商品信息查询、新闻网站的文章浏览等，通过将读请求分配到多个从节点，可以大大减轻主节点的负载，提高系统的响应速度。主备之间的数据同步基于数据库底层日志的解析和重做，确保数据的一致性和完整性。并且，该技术在众多核心应用案例中得到了验证，如大型互联网企业的用户数据管理系统，通过采用读写分离集群技术，显著提升了系统的整体性能和稳定性，满足了海量用户的并发访问需求。

支持第三方备份软件和硬件进行备份，并提供应用程序编程接口（Application Programming Interface，API）级别的备份接口，这为政府部门提供了更多的备份解决方案选择。政府部门可以根据自身的IT基础设施和备份策略，选择与现有备份系统集成，或者利用第三方备份设备的优势，进一步完善数据备份体系。例如，一些企业已经部署了专业的磁带库备份设备，通过该系统的API接口，可以方便地将数据库备份到磁带库中，实现数据的长期离线存储和归档，满足企业的数据合规性和灾难恢复要求。

7.1.5 安全性

在数据安全防护方面，该数据库管理系统采取了多重措施。首先，通过限制用户的安全属性和可访问资源，对用户权限进行精细化管理。每个用户只能访问其被授权的数据库对象和数据，防止未经授权的访问和数据泄露。同时，对表提供空间配额限制，有效防止个别用户或应用程序恶意占用过多资源，确保系统资源的合理分配和公平使用，避免因资源抢占导致系统性能下降或数据安全问题。

通信和存储加密功能是保障数据安全的关键防线。系统支持为不同数据库对象和不同用户使用可配置的加密算法和密钥，这种灵活的加密配置方式能够满足不同用户对数据安全的个性化需求。加密过程对用户透明，用户在进行数据操作时无需额外关注加密细节，确保了操作的便捷性。同时，系统支持加载第三方加密算法，这使得政府部门可以根据自身的安全标准和合规要求，选择经过认证的高强度加密算法，进一步提升数据的安全性。在数据加密过程中，采用块加密技术，经过精心优化，确保系统在安全加密情况下的效率损失控制在10%以内，在保障数据安全的同时，维持了系统的性能表现，避免了因加密导致的系统响应迟缓等问题。

为了提高数据加密效率，系统支持并行加密和多线程加密技术。在处理大量数据加密任务时，如数据库的批量数据备份或数据迁移过程中的加密操作，并行加密和多线程加密能够充分利用系统的计算资源，同时对多个数据块或多个数据线程进行加密处理，大大缩短加密时间，提高数据处理效率，确保数据能够及时、安全地得到保护。

基于会话密钥的存储加密技术为数据安全提供了更深层次的保障。在这种加密机制下，不同数据库用户之间无法查询对方加密数据内容，即使数据库管理员也无法获取用户的加密数据，确保了用户数据的隐私性和独立性。而且，整个加密过程对用户完全透明，用户无须进行复杂的加密操作设置，只需像往常一样进行数据存储和查询操作，系统会自动在后台完成加密和解密过程，极大地提高了用户体验和数据安全性。

7.2 数据交换平台

7.2.1 通用功能

在智慧城市的数据生态系统中，数据交换平台面临着各部门多源异构的数据资源以及种类繁多的业务系统所带来的挑战。为了有效应对这些复杂情况，该平台具备了一系列强大的通用功能。

在硬件兼容性方面，数据交换平台能够在多种硬件系统上稳定运行，确保了在不同硬件架构的服务器上都能部署和运行，适应了企业和政府部门多样化的硬件基础设施环境。无论是传统的服务器架构还是新兴的高性能计算硬件平台，都能与之良好适配，为数据交换提供稳定的运行环境。

在操作系统兼容性上，服务器和客户端可以在 Windows、Linux 和 Unix 操作系统上顺畅运行。这使得数据交换平台能够与不同操作系统环境下的业务系统进行无缝对接，无论是企业级应用广泛使用的 Windows 系统，还是服务器领域占据重要地位的 Linux 系统，以及一些特定行业使用的 Unix 系统，都不会成为数据交换的障碍。用户可以根据自身的业务需求和 IT 部署情况，自由选择合适的操作系统来运行数据交换平台，提高了系统的灵活性和适应性。

支持多种异构数据源是该平台的核心能力之一。它能够与丰富多样的数据源进行连接和数据交换。在智慧城市建设中，不同部门可能使用不同的数据库管理系统或数据存储格式，如交通部门可能使用 Oracle 数据库存储交通流量数据，而环保部门可能使用 Hive 存储环境监测数据。该平台通过提供开放的适配器二次开发接口，能够根据项目的特殊要求开发新的适配器，确保与各种异构数据源的兼容性，实现数据的全面采集和整合，打破了数据孤岛，促进了数据在不同部门之间的流通和共享。

对于非关系数据的处理能力也是该平台的一大亮点。它支持加载

Hadoop、Hive、HBase、Mongodb、Kafka 和弹性搜索等非关系数据，适应了大数据时代数据存储和处理的多元化趋势。随着智慧城市建设的推进，越来越多的非结构化和半结构化数据如视频监控数据、社交媒体数据、传感器数据等需要进行处理和分析。该平台能够有效地将这些非关系数据纳入到数据交换和处理的范畴，为智慧城市的大数据应用提供了有力支持。

在数据提取模式上，该平台支持完整和增量数据提取模式，并提供了多种变更数据捕获方法，如触发器、时间戳等。完整数据提取适用于初次数据采集或需要全量更新数据的场景，而增量数据提取则在数据变化频繁的情况下，能够高效地只获取发生变化的数据，大大减少了数据传输量和处理时间。例如，在城市电力系统的实时监测中，通过时间戳或算法来捕获电量数据的变化，只将增量数据传输到数据中心进行分析和处理，确保了数据的及时性和高效性。

基于日志解析的非侵入性的增量数据提取是该平台的一项先进技术。它不依赖于主机上源数据库的触发器或规则，而是通过分析源数据库的日志文件来获取数据的变化情况。这种方式避免了对源数据库系统的侵入式操作，不会影响源数据库的性能和稳定性，同时能够准确地捕获数据的变化，提高了增量数据提取的可靠性和准确性。在金融交易数据同步等对数据一致性和系统稳定性要求极高的场景中，基于日志解析的增量数据提取方法发挥了重要作用。

该平台应支持主流数据库之间的双向同步，这在多数据库环境的数据交互中极为关键。在企业级应用或智慧城市的复杂数据架构里，不同部门的数据库系统可能存在差异，双向同步功能确保了数据在这些异构数据库间的一致性和及时性。例如，财务部门使用 Oracle 数据库，而业务部门采用 SQLServer 数据库，当财务数据发生更新时，能迅速同步至业务数据库，反之亦然，保障了业务流程的连贯性和数据的准确性。

在文件同步方面，平台支持远程文件同步，并能自动同步本地和远程文件目录。这对于需要频繁交换文件的部门间协作意义重大。如在城市规划项目中，规划部门与建设部门可能需要共享大量图纸、文档等文件，平台可确保双方文件目录始终保持一致，避免因文件版本不一致导致的工作失误，提高了部门间协作效率。

对于批量文件读取，平台能够处理多种格式文件，并能自动识别和过滤读取的文件。在数据采集过程中，如从各部门收集统计报表时，平台可快速准确地提取所需数据，忽略无关文件，减轻了数据处理的负担，提升了数据采集的速度和质量。

在线数据质量检查功能是保障数据可靠性的重要防线。平台可重用数据质量检查规则，对采集到的数据进行实时检查，并生成数据质量统计报表。在医疗数据整合场景中，通过预设的规则检查患者信息的完整性、准确性等指标，及时发现并标记异常数据，为后续的数据清洗和分析提供依据，确保了进入数据共享平台的数据质量。

为保护敏感数据，平台支持多种数据脱敏算法，且脱敏后数据保持原有的唯一和引用约束不变。针对常见的身份证、电话等敏感信息，平台提供了专门的脱敏规则配置。在政务数据公开场景中，如人口信息发布，可对身份证号码进行脱敏处理，在保障公民隐私的同时，不影响数据的统计分析和应用价值。

7.2.2 高性能

数据交换平台的高性能是实现智慧城市数据快速流通的关键。其核心执行引擎采用流水线的多线程机制，可配置的工作线程和缓存进一步优化了性能。在处理大规模数据交换任务时，多线程机制能充分利用系统资源，实现数据的并行处理。例如，在城市交通大数据的实时采集与分发过程中，多个线程可同时处理来自不同交通传感器的数据，提高了数据处理的吞吐量，确保数据能够及时传递到相关部门进行分析和决策。

支持分区并行数据处理是平台的又一性能优势。它包括文件分段并行读取、数据转换规则并行执行和数据并行加载等环节。在处理海量的城市地理信息数据时，可将大型文件按区域或数据特征进行分段，同时由多个线程并行读取和处理，数据转换规则也能并行应用于不同的数据段，最后并行加载到目标数据库或存储系统中。这种分区并行处理方式极大地缩短了数据处理时间，提高了数据交换的效率，满足了智慧城市对数据时效性的要求。

平台支持调用 Oracle、Mysql 等快速装载接口进行数据装载，这利用了数据库本身的高效装载能力。在数据批量导入数据库时，如将城市能源消耗历史数据导入数据仓库进行分析，通过调用这些快速装载接口，能够显著提高数据装载速度，减少数据加载过程中的等待时间，进一步提升了数据交换平台的整体性能。

负载均衡集群的支持确保了平台在高负载情况下的稳定性和可靠性。当大量数据请求同时涌向平台时，负载均衡机制会根据各节点的负载情况，动态地分配任务到不同的服务器节点上进行处理。在城市智能安防系统的视频数据传输高峰期，负载均衡集群可有效避免单个节点因负载过重而出现性能瓶颈或故障，保证了数据交换的持续稳定进行，确保安防数据能够及时传输和处理，保障城市安全。

7.2.3 可靠性

可靠性是数据交换平台的核心指标之一，关乎智慧城市数据的安全稳定传输。平台的核心执行引擎采用流水线的多线程机制，可配置工作线程和缓存，这不仅提升了性能，也增强了系统的稳定性。在数据处理过程中，多线程机制能够合理分配任务，即使某个线程出现异常，其他线程仍能继续工作，确保数据处理的连续性。同时，缓存机制可以减少数据的重复读取和计算，提高系统响应速度，降低因数据访问延迟导致的系统故障风险。

支持分区并行数据处理同样为系统可靠性提供了保障。在文件分段并行读取、数据转换规则并行执行和并行数据加载过程中，每个环节都有相应的容错机制。如果某个数据段读取失败或转换出现错误，系统能够自动进行重试或标记错误，不影响其他数据段的处理，保证了整个数据交换过程的完整性和可靠性。

平台支持调用快速加载接口进行数据加载，这些经过验证的快速加载接口具有较高的稳定性和可靠性。它们在数据加载过程中能够确保数据的完整性和一致性，减少数据丢失或损坏的风险。例如，在金融数据交换场景中，通过调用可靠的数据库加载接口，能够保证交易数据准确无误地加载到目标数据库，维护金融数据的安全和稳定。

负载平衡集群在保障系统可靠性方面发挥着关键作用。当系统出现部分节点故障或负载过高时，负载平衡集群能够自动将任务转移到其他正常节点上进行处理，确保数据传输不中断。同时，集群还具备自动检测和恢复故障节点的能力，当故障节点修复后，能够自动重新加入集群，继续参与数据处理工作，保证了系统的持续稳定运行。

在系统异常情况发生后，平台具有完善的保护措施，确保数据传输不丢失。它会自动记录数据处理的状态和进度，当出现故障恢复后，能够从上次中断的位置继续进行数据处理，实现断点续传。这种机制在处理长时间、大规模的数据交换任务时尤为重要，如城市物联网设备的持续数据上传，即使遇到网络中断等突发情况，也能保证数据的完整性和连续性。

平台具有故障报警功能，当数据转换过程中出现故障时，系统会详细记录日志，并实时显示报警信息。同时，支持通过电子邮件或手机短信通知相关人员，确保故障能够及时被发现和处理。在城市政务数据交换过程中，如果数据转换出现问题，相关管理人员能够迅速收到通知，及时采取措施解决问题，避免因故障导致的数据延误或错误，保障政务工作的正常开展。

在数据清理和转换过程中，平台提供图形监控功能，实现对数据处理各流程的全面监控管理。管理员可以通过直观的图形界面实时查看数据的读取、转换和加载进度，以及各节点的负载情况和系统性能指标。在城市智慧物流数据处理中，管理员可通过监控及时发现数据处理瓶颈或异常情况，如某个节点的转换效率过低或数据流量过大，从而及时调整系统配置或处理策略，保证数据处理的高效稳定进行。

平台支持广域网上基于消息的数据传输和路由，采用可靠的传输协议和加密技术，保证数据在传输过程中的安全、可靠、有序到达。在城市跨区域的数据共享场景中，如不同城区之间的环境数据交换，即使在复杂的网络环境下，也能确保数据准确无误地传输到目标地点，防止数据在传输过程中被窃取或篡改，保障数据的安全性和完整性。

平台能够同时监控多个数据交换服务器和数据源的状态，并提供各服务器的日、周、月数据交换报告。这有助于管理员全面了解系统的运行情况，及时发现潜在的问题和风险。在智慧城市的多部门数据交换体系中，通过对数据交换报告的分析，管理员可以评估各部门的数据交换频率和质量，优化数据交换策略，提高数据交换的效率和效果。

支持故障转移集群进一步增强了系统的可靠性。当主服务器出现故障时，故障转移集群能够迅速将服务切换到备用服务器上，确保数据交换服务的不间断运行。在城市应急指挥系统的数据交换过程中，一旦主服务器发生故障，故障转移集群可立即启用备用服务器，保证应急数据的及时传输和处理，为城市应急响应提供有力支持。

7.2.4 安全性

在数据安全至关重要的智慧城市环境中，数据交换平台采取了多重安全防护措施。首先，提供多角色机制和多级安全控制机制，对不同用户角色分配相应的权限和访问级别。例如，数据管理员拥有最高权限，可进行系统配置和数据管理操作；普通用户则只能进行数据查询和有限的操作。这种精细的权限管理确保了只有授权用户才能访问和处理特定的数据，防止未经授权的访问和数据滥用。

支持功能权限和对象权限控制是平台安全性的又一重要体现。功能权限限制用户对平台功能的使用，如某些用户只能进行数据上传，而不能进行数据下载或删除操作；对象权限则针对具体的数据对象进行控制，如用户只能访问特定部门或特定类型的数据。在城市医疗信息系统中，医生只能访问其负责患者的相关医疗数据，而无法查看其他无关患者的信息，保障了患者隐私和医疗数据的安全。

自动记录用户操作日志是平台安全审计的重要手段。平台会详细记录每个用户的操作行为，包括登录时间、操作内容、操作结果等信息。这些日志可用于事后审计和追踪，在发生数据泄露或安全事件时，能够快速定位问题源头和责任人。在金融数据交换平台中，通过对操作日志的分析，可以及时发现异常操作行为，如未经授权的数据访问或大量异常数据下载，采取相应措施防范金融风险。

服务器和客户端之间采用加密通信，支持广域网上数据交换的加密传输，确保数据在传输过程中的安全。平台采用先进的加密算法，对传输的数据进行加密处理，防止数据在网络传输过程中被窃取或篡改。在城市智慧交通系统的数据传输中，车辆行驶数据从传感器传输到数据中心时，加密通信保证了数据的安全性，防止交通数据被恶意利用，保障城市交通的安全和稳定。

7.2.5 可扩展性

数据交换平台的可扩展性为智慧城市数据共享的持续发展提供了有力保障。在元数据存储方面，平台支持常用和主流数据库作为元数据存储方式，同时也提供不依赖外部数据库的内置元数据存储。这使得用户可以根据自身的 IT 架构和数据管理需求选择最合适的元数据存储方案。在政府部门已有成熟的 Oracle 数据库环境下，可选择将元数据存储在 Oracle 中，充分利用现有资源；而对于一些小型项目或对独立性要求较高的场景，内置元数据存储则提供了更便捷的选择，方便用户进行数据管理和系统维护。

支持以可扩展标记语言（eXtensible Markup Language，XML）方式导入和导出元数据，大大提高了项目的可移植性。在智慧城市的不同区域或部门之间进行数据交换平台的推广和应用时，通过 XML 格式的元数据导入和导出，可以方便地实现平台的快速部署和配置。例如，在城市新区建设中，可将已有的成熟数据交换平台的元数据导出为 XML 文件，然后导入到新区的平台中，快速搭建起与老区相似的数据交换环境，减少了重复建设和配置工作，提高了工作效率。

提供 API 接口促进了与第三方应用程序的集成。在智慧城市的应用生态系统中，存在大量的第三方应用程序，如数据分析软件、地理信息系统等。通过 API 接口，数据交换平台能够与这些第三方应用进行无缝对接，实现数据的共享和协同工作。例如，在城市规划中，数据交换平台可通过 API 将地理信息数据提供给专业的地理信息系统进行分析和可视化处理，为城市规划提供更准确、直观的决策依据。

支持以插件的方式进行二次开发是平台可扩展性的重要体现。用户可以根据实际业务需求开发插件，在不重新安装整个平台的情况下扩展系统功能。在城市智慧能源管理系统中，随着新能源技术的发展和应用，可能需要新的数据处理和分析功能，用户可通过开发插件的方式，将新能源数据的处理逻辑集成到数据交换平台中，满足不断变化的业务需求，延长了平台的使用寿命，降低了系统升级成本。

提供丰富的常用系统函数，并支持用户自定义函数和变量，进一步增强了平台的灵活性和可扩展性。用户可以利用这些函数和变量进行复杂的数据处理和业务逻辑实现。在城市经济数据分析中，用户可自定义函数计算特定的经济指标，结合平台提供的常用函数进行综合分析，从海量的经济数据中提取有价值的信息，为城市经济发展提供决策支持。

7.2.6 易用性

为了使数据交换平台易于使用，平台提供了图形化安装、配置和管理工具，以及基于拖放的可视化程序。图形化安装向导引导用户轻松完成平台的安装过程，无需复杂的命令行操作，降低了对用户技术水平的要求。配置和管理工具以直观的图形界面呈现平台的各项配置选项和管理功能，用户可以方便地进行数据源连接、数据转换规则设置、任务调度等操作。基于拖放的可视化程序则让用户能够以直观的方式设计数据交换流程，只需将数据源、数据处理步骤和目标位置等元素通过拖放操作进行连接和配置，即可快速创建复杂的数据交换任务，大大提高了工作效率。

支持中英文日期时间和格式自动转换，以及简体和繁体汉字、大小写数字、全半角符号、汉字和拼音等中文数据常见问题的自动转换，无须编程。在智慧城市的多语言和多格式数据环境中，这一功能可极大地简化数据处理过程。例如，在城市国际交流活动的数据处理中，可能涉及来自不同国家和地区的日期时间格式和中文数据表达差异，平台的自动转换功能确保了数据能够正确处理和理解，避免了因格式和语言差异导致的错误，提高了数据处理的准确性和通用性。

支持任意时间间隔的周期性调度，满足不同业务场景下的数据交换需求。在城市环境监测数据采集过程中，可设置每小时或每天的周期性调度，自动从监测设备采集数据并传输到数据中心；而在一些实时性要求较高的业务场景，如城市交通流量监测，可设置秒级的调度间隔，确保数据能够及时更新和处理，为城市管理提供实时的数据支持。

支持流程的调试，如单步执行、顺序执行、执行到等常见的调试方法，方便用户在创建和维护数据交换流程时进行错误排查和优化。在数据交换流程出现问题时，用户可以通过单步执行等调试方法，逐步检查数据的处理过程，找出问题所在并进行修复。例如，在城市金融数据交换过程中，如果数据转换出现错误，用户可利用调试功能快速定位到错误发生的步骤，调整数据转换规则，确保数据的准确性和完整性。

数据清洗转换流程支持边配置边预览，用户在设置数据清洗和转换规则时，可以实时预览数据处理后的效果，及时调整规则，确保数据处理结果符合预期。在城市政务数据整合过程中，用户可以在配置数据清洗规则时，立即看到清洗后的数据样本，判断是否需要进一步优化规则，提高了数据处理的质量和效率，减少了因规则设置不当导致的数据错误。

7.3 数据实时同步工具

在智慧城市的复杂数据环境中，数据实时同步工具肩负着确保纵向和横向数据一致性以及决策数据实时同步的重要使命。其基于日志的异构数据库数据同步技术具有显著优势，不依赖于主机上源数据库的触发器或规则，避免了对源数据库系统的侵入性操作，降低了因同步机制对源数据库性能和稳定性的影响。在金融、医疗等对数据一致性和系统稳定性要求极高的行业应用中，这种非侵入式同步方式尤为关键，确保了源数据库能够专注于核心业务处理，同时保证数据在不同数据库系统间的准确同步。

该工具以源数据库的事务为单位进行数据同步，严格按照主机业务系统的事务顺序执行，确保主备数据库的事务完整性和一致性。在城市智能电网的电费结算系统中，每一笔电费交易事务在源数据库产生后，实时同步工具会按照事务发生的先后顺序，准确无误地将其同步到备用数据库，保证了电费结算数据的一致性和准确性，防止因数据同步错误导致的财务纠纷或业务混乱。

实现亚秒级数据同步且每天可完成 5T 以上的数据更新、同步，满足智慧城市建设中对大数据实时性和海量数据处理的需求。在城市交通流量监测与分析系统中，大量的交通传感器会持续产生海量的实时数据，数据实时同步工具能够在极短时间内将这些数据同步到数据中心进行分析处理，确保交通管理部门能够及时掌握城市交通动态，做出科学的交通调控决策，缓解交通拥堵，保障城市交通的顺畅运行。

支持同步数据的筛选、过滤和自定义数据修改功能，用户可通过在需要同步的表上定义过滤和转换规则来实现个性化的数据同步需求。在城市商业数据分析中，可能只需要同步特定地区、特定时间段或特定类型的销售数据，通过设置相应的过滤规则，数据实时同步工具能够精准地筛选出符合要求的数据进行同步，减少了不必要的数据传输和存储，提高了数据处理效率和资源利用率。

业务连续性支持是该工具的重要特性之一。在系统切换和恢复过程中，它能够实现快速响应，最大限度地减少数据丢失。当主数据库系统出现故障时，数据实时同步工具能够迅速将业务切换到备用数据库，并确保在切换过程中数据的完整性和一致性。在城市应急指挥系统中，一旦主数据库发生故障，工具可在瞬间完成切换，保证应急数据的持续可用，为城市应急响应提供坚实的数据保障，确保在紧急情况下城市管理和救援工作的顺利开展。

利用检查点机制实现断点续集功能，在数据同步过程中，如果出现网络中断、系统故障等意外情况，工具能够记录数据同步的进度，在问题解决后从上次中断的位置继续进行同步，确保数据的完整性和连续性。在城市物联网设备数据上传过程中，由于网络环境复杂，可能会出现短暂中断，检查点机制可有效避免数据重复传输或丢失，保证了物联网数据的稳定上传和处理，为智慧城市的智能化管理提供可靠的数据支持。

支持初始数据加载的全同步功能，且能够在不中断业务的情况下将主机当前数据顺利加载到备用数据库。在智慧城市新系统上线或数据库升级时，这一功能尤为重要。例如，在城市智慧教育系统的数据库升级过程中，数据实时同步工具可在保障教学业务正常开展的同时，将原有数据库中的学生信息、课程资料等全部数据完整地同步至新的备用数据库，确保了数据的无缝迁移和系统的平稳升级，避免因数据迁移导致教学活动中断，为智慧教育的持续发展提供有力支持。

支持传输数据压缩和加密，在数据传输过程中，通过压缩算法减少数据的网络传输量，提高传输效率，降低网络带宽占用成本。同时，采用先进的加密技术对数据进行加密处理，确保数据在传输过程中的安全性，防止数据被非法窃取或篡改。在城市政务数据共享场景中，涉及大量敏感的市民信息和政府文件传输，数据实时同步工具的加密和压缩功能可有效保障数据的安全和高效传输，维护政府公信力和市民隐私权益。

数据实时同步工具能够穿越网闸进行数据实时同步，这在一些具有高安全隔离需求的网络环境中具有重要意义。在城市关键基础设施的工业控制系统与管理信息系统之间，由于安全级别差异需要通过网闸进行隔离，但又需要实时同步部分关键数据，如电力系统的发电量、设备运行状态等数据。该工具可突破网络隔离限制，实现安全、可靠的数据同步，确保工业控制系统与管理信息系统之间的数据协同，保障城市基础设施的稳定运行。

在完成数据实时同步的同时，还能进行数据转换，满足不同系统对数据格式和内容的特定需求。在城市医疗信息系统中，不同医院的电子病历系统可能采用不同的数据格式和编码标准，数据实时同步工具可在同步过程中将数据转换为统一的标准格式，方便医疗数据的汇总、分析和共享，提高医疗服务质量和效率，促进城市医疗资源的整合与协同。

数据实时同步工具的开放式体系结构能够适应主流数据平台，支持一对一同步、一对多广播同步、多对一聚合同步、多对多同步、多级中转级联同步等多种数据同步形式，具有很强的灵活性和适应性。在智慧城市的复杂数据架构中，无论是同一部门内的不同数据库之间的一对一同步，还是多个部门向数据中心的多对一聚合，或者是跨区域、跨层级的数据同步需求，都能通过该工具得以高效实现，确保了数据在城市各个层面和领域的顺畅流动和共享，为智慧城市的建设提供了坚实的数据同步基础。

7.4 数据资源动态调度系统

在多源异构条件下，数据资源动态调度系统对于湖北新型智慧城市的数据管理起着核心作用。其支持基于数据“热度”的调度规则管理功能，通过对数据访问频率、使用时效性等因素的综合分析，判断数据的“热度”。例如，在城市交通管理中，实时交通流量数据属于高“热度”数据，系统会根据此优先调度这些数据到相关的交通分析和决策部门，确保数据能够在最需要的时候被快速处理和利用，提高数据的使用效率和决策的及时性。

支持基于配置的数据资源动态调度管理功能，允许管理员根据不同的业务场景和需求，灵活设置调度策略。在城市环境监测中，可根据不同时间段和监测区域的重点关注污染物，配置相应的数据调度规则，将特定区域的特定污染物数据及时调度到环保部门的分析系统中，实现数据的精准推送和高效利用，为城市环境治理提供有力的数据支持。

定时、指定时段或自定义规则的资源抽取、推送调度功能，满足了不同业务的时间要求。在城市能源管理中，可设置在每日用电低谷期抽取居民用电数据进行分析，以优化能源分配策略；在城市旅游旺季，可根据游客流量变化自定义数据推送规则，将热门景区的实时游客数据及时推送给旅游管理部门，以便合理安排景区资源和保障游客安全，实现数据资源的动态优化配置。

支持对数据资源的基本编辑功能，包括资源重命名、资源状态控制、数据列控制管理等。在城市政务数据管理中，随着业务的发展和调整，可能需要对某些数据资源进行重新命名以便更好地识别和管理；通过资源状态控制，可以快速启用或禁用某些数据资源，确保数据的安全性和合规性；数据列控制管理则可以根据具体业务需求，选择特定的数据列进行调度和处理，减少不必要的数据传输和处理负担，提高数据处理效率。

在字段级粒度的资源调度控制方面，提供序列控制、禁用/启用、动态配置查询列等功能。在城市金融数据管理中，对于银行账户交易数据，可通过序列控制确保数据按照时间顺序或交易流水号进行有序调度；根据业务需要，可随时禁用或启用某些敏感字段的调度，如客户密码等信息；还可动态配置查询列，在不同的业务场景下，只提供必要的字段供查询和分析，保护客户隐私的同时提高数据处理的针对性和效率。

支持动态资源调度模型管理功能，能够根据业务的变化和数据的动态特征，自动调整调度模型。在城市电商物流数据管理中，随着促销活动和季节变化，订单量和物流配送数据会发生很大波动，系统可自动识别这些变化，调整数据调度模型，优化物流配送路线规划和库存管理，提高电商企业的运营效率和客户满意度。

支持物理库和逻辑库之间的数据动态调度，以及远程物理库和本地物理库之间的动态迁移。在城市企业集团的数据管理中，可能存在多个物理库和逻辑库分布在不同地区和部门，数据资源动态调度系统可以实现它们之间的数据动态调度和迁移，确保数据在整个集团内的高效流通和共享。例如，在集团财务结算期间，可以将各地子公司的财务数据动态调度到总部的逻辑库进行汇总和分析，实现集中财务管理，提高财务决策的准确性和及时性。

在兼容性方面，与国内外主流的数据产品均可兼容，并提供一键式查看并抽取数据服务。在智慧城市建设中，不同部门和企业可能采用不同的主流数据库产品，数据资源动态调度系统的兼容性确保了能够无缝对接这些数据库，方便数据的整合和调度。例如，在城市智慧医疗系统中，医院的临床数据可能存储在 Oracle 数据库，而医保部门的数据可能采用 SQLServer 数据库，数据资源动态调度系统可以轻松地从这两个数据库中抽取和调度数据，打破数据孤岛，促进医疗数据的共享和协同应用。

通过统一的元数据驱动，实现数据交换系统（中心节点）与数据实时同步系统（中心节点）的完美对接。这一特性确保了数据在整个智慧城市数据平台中的一致性和连贯性。在城市大数据平台的运行过程中，数据交换和实时同步是两个关键环节，通过统一元数据驱动的对接，能够保证数据在不同系统之间的准确传递和同步更新，避免数据冲突和不一致性，提高数据的质量和可用性，为智慧城市的各项应用提供可靠的数据支撑。

7.5　数据共享服务平台

基于面向服务的架构（Service Oriented Architecture，SOA）的数据共享服务平台是湖北新型智慧城市数据共享的关键支撑。它能够实现数据服务发布、注册、管理等全流程管理，为数据资源的共享提供了规范和高效的机制。在城市政务数据共享中，各部门可以通过该平台发布本部门的数据服务，如公安部门发布人口信息查询服务，民政部门发布婚姻登记信息服务等，同时对这些服务进行注册和管理，确保数据服务的可发现性和可用性。

提供统一的数据总线，资源查询、下载、接口、推送等服务均可对外提供。这使得不同部门和应用系统可以通过统一的数据总线访问所需的数据资源，实现了数据的集中式管理和分布式共享。在城市智慧交通系统中，公交公司、出租车公司、交通管理部门等都可以通过数据总线获取交通流量、道路状况等数据，优化运营调度和交通管理决策，提高城市交通的整体运行效率。

支持数据服务的注册，数据服务接口、可配置数据服务的输入及返回范围等也可对外提供。这方便了其他部门和开发者了解和使用数据服务，促进了数据的开放和创新应用。在城市智慧教育领域，教育科研机构可以注册教育资源数据服务，明确服务接口和数据范围，供学校教师及学生查询和下载教学资料、学术研究成果等，推动教育资源的共享和教育公平的发展。

支持 Http 协议和 SOAP 协议两种方式调用 SOA 服务，满足了不同应用系统的通信需求。在城市物联网应用中，一些设备可能更适合通过 Http 协议与数据共享服务平台进行通信，而一些企业级应用系统可能采用 SOAP 协议，平台的双协议支持确保了各种设备和系统都能顺利接入和使用数据服务，实现了物联网数据与其他数据的融合和共享，拓展了智慧城市的数据应用场景。

提供统一的服务控制器，统一控制企业服务总线（Enterprise Service Bus，ESB）的启动、服务调度器的加载、系统服务的加载、业务服务的动态加载等。这保证了平台的稳定运行和服务的有序管理。在城市应急指挥系统中，当突发事件发生时，服务控制器可以快速启动相关的数据服务和调度器，确保应急数据能够及时准确地提供给指挥人员，提高城市应急响应的效率和效果。

提供资源服务控制，结合共享开放属性，根据不同属性提供对应的资源服务流程和权限。在城市政务公开数据服务中，对于一些普通的统计信息，可以设置为公开访问权限，允许市民自由查询；而对于涉及个人隐私或国家安全的敏感数据，则设置严格的访问审批流程和权限限制，确保数据的安全和合规使用，平衡了数据共享与安全的关系。

对外接口总线提供服务次数、服务 IP、服务时间区间等维度控制，提供动态授权服务码功能。在城市商业数据共享服务中，对于一些付费的数据服务，可以通过服务次数和时间区间的控制，规范用户的使用行为；通过服务 IP 限制，防止非法用户的访问；动态授权服务码功能则可以根据用户的需求和付费情况，灵活地提供授权，提高数据服务的安全性和管理的灵活性。

支持外部服务响应的异常监听，对异常信息进行记录、处理。在城市金融数据共享服务中，如果数据查询或交易服务出现异常，平台能够及时捕获并记录异常信息，通知相关技术人员进行处理，确保金融数据服务的稳定性和可靠性，维护金融市场的正常秩序。

支持基于 B/S 架构的图形化管理工具，此工具可以支持服务登记、服务总线、服务调度、服务监控等功能。这使得平台管理员可以通过浏览器方便地对平台进行管理和监控，提高了管理的便捷性和效率。在城市智慧城管系统中，管理员可以使用图形化管理工具轻松地登记新的数据服务，监控服务的运行状态和数据流量，及时调整服务配置和调度策略，保障城市管理数据的高效共享和应用。

在兼容性方面，提供按使用方指定的目标数据库及推送规则推送指定数据，支持国内外主流的数据产品。在城市企业数据协作中，不同企业可能使用不同的数据库系统，数据共享服务平台可以根据合作企业的要求，将数据准确地推送至指定的数据库，并遵循相应的推送规则，确保数据在不同企业之间的顺畅共享和有效利用，促进城市产业的协同发展。

同时数据共享服务平台可对外提供标准数据服务，支持跨网访问数据资源。在城市跨区域合作项目中，如城市圈的经济数据共享和环境数据协同治理项目，该平台可以实现跨网的数据服务提供，打破地域限制，促进区域间的数据交流和合作，提升城市圈的整体竞争力和协同治理能力。

在共享服务方面，支持数据检索功能，支持数据定制发布、数据查询、数据下载。在城市科研创新领域，科研人员可以通过平台的检索功能快速查找所需的科研数据，根据研究需求定制数据发布内容，方便地查询和下载相关数据，提高科研效率和创新能力，推动城市的科技进步。

提供数据访问的细粒度权限控制，包括资源授权、访问策略、日志审计和规则告警。在城市医疗数据共享中，医生、护士、科研人员等不同角色对医疗数据的访问权限不同，平台通过细粒度的权限控制，确保每个角色只能访问其授权范围内的数据，同时对访问行为进行日志审计，一旦出现违规访问，立即发出规则告警，保障医疗数据的安全和隐私。

支持与业务系统进行集成，通过业务协同接口，提供信息共享与数据交换接口功能。在城市智慧物流系统中，物流企业的订单管理系统、运输管理系统、仓储管理系统等可以通过与数据共享服务平台的集成，实现数据的实时共享和业务的协同运作，优化物流流程，提高物流效率和服务质量，降低物流成本，增强城市物流的竞争力。

7.6 数据资源目录系统

数据资源目录系统为湖北新型智慧城市的数据资源提供了一个统一的管理和访问入口。系统构建统一的资源目录，对可供访问的数据及服务资源进行集中管理。用户通过该目录这一单一入口，便能查看所有可获取的服务资源，同时，所有服务资源也可借此实现集中登记与管理，极大提升了资源管理效率与用户使用便捷性。在城市政务数据管理中，各部门的行政许可数据、政策文件数据、统计信息等都可以在资源目录中进行登记和展示，用户可以通过目录快速定位到所需的数据资源，提高了数据查找的效率。

发布的数据及服务资源可以通过统一数据门户聚合起来并展示给用户，为用户提供简单、一致的数据展现模式。在城市智慧旅游系统中，旅游景点信息、酒店住宿信息、旅游线路推荐等数据和服务资源通过统一门户展示给游客，游客可以直观地浏览和选择所需的旅游资源，提升了用户体验，促进了城市旅游产业的发展。

在编目过程管理中，信息资源目录提供者编辑设计资源核心元数据，然后提交给资源目录管理者进行目录注册，经管理者注册的目录内容进行审核校验后，判断目录内容是否符合要求，最后决定目录的发布和维护。在城市环境数据管理中，环境监测站作为目录提供者，将空气质量监测数据、水质监测数据等核心元数据进行编辑整理，提交给环保部门的目录管理者进行注册和审核，确保数据的准确性和规范性，只有通过审核的数据才能在资源目录中发布，保证了数据的质量和可靠性。

提供主题分类、专项业务分类、自定义分类等多种灵活的资源分类方式。在城市交通数据管理中，可以按照交通方式（如公交、地铁、出租车等）进行主题分类，也可以按照交通管理业务（如交通执法、交通规划、运输管理等）进行专项业务分类，还可以根据用户的特定需求进行自定义分类，如按照热门线路或拥堵路段进行分类，方便用户根据不同的分类方式快速查找和定位所需的数据资源，提高了数据管理和使用的灵活性。

支持按事项性质、服务对象、实施主体、服务主题、服务层级、服务形式、行政管辖等进行分类。在城市政务服务数据管理中，对于行政审批数据，可以按照事项性质（如企业注册、项目审批等）、服务对象（如企业、个人等）、实施主体（如工商局、发改委等）、服务主题（如经济发展、社会事务等）、服务层级（如市级、区级等）、服务形式（如线上办理、线下办理等）、行政管辖（如某区管辖范围等）进行详细分类，使得数据分类更加全面和细致，便于用户进行精准查询和管理。

可对资源目录的内容进行综合统计分析，包括按资源类型、时间、资源提供者、资源需求者等多种维度统计分析目录内容。在城市经济数据管理中，可以按行业类型统计企业的经济数据，分析不同行业的发展趋势；按时间维度统计季度或年度的经济指标，观察经济的动态变化；还可以分析不同资源提供者（如不同企业或政府部门）的数据贡献情况和资源需求者（如科研机构或行业协会）的数据使用情况，为城市经济决策提供数据支持和参考依据。

提供分类检索、关键词检索等不同需求的检索功能，使资源使用者快速查找、定位所需的信息资源，查看详细的资源目录内容。在城市文化数据管理中，如果用户想查找某一历史文化遗址的相关资料，可以通过关键词检索输入遗址名称，或者通过分类检索选择文化遗产类别下的历史建筑子类进行查找，能够迅速获取相关的数据资源和详细信息，提高了数据检索的效率和准确性。

支持字段级共享属性设置，为数据资源提供条件共享。在城市医疗数据共享中，对于患者的电子病历数据，可以设置某些字段（如基本信息、诊断结果等）为可共享字段，而其他敏感字段（如基因检测结果等）为不可共享字段，根据不同的业务场景和数据需求，灵活控制数据的共享范围，保障了患者隐私和数据安全。

资源核心元数据库可以定期备份，也可以由事件驱动备份，若发生故障，支持资源核心元数据库数据快速恢复。在城市智慧政务系统运行过程中，为防止数据丢失，资源目录系统会定期对核心元数据库进行备份，如每周或每月进行一次全量备份；同时，在系统升级或数据更新等重要事件发生时，也会进行事件驱动备份。一旦发生故障，如服务器硬件损坏或软件崩溃，系统可以迅速从备份中恢复数据，确保资源目录系统的正常运行和数据的完整性。

支持在上下级数据中心之间自动传递资源目录信息，实现对全范围内资源目录视图。在城市行政管理体系中，市级数据中心和区级数据中心之间可以自动传递资源目录信息，区级数据中心可以获取市级数据中心的资源目录，并将本区域的特色数据资源目录上传至市级数据中心，实现了全市范围内数据资源目录的统一管理和共享，提高了行政管理的效率和数据协同能力。

7.7 数据资源管理系统

数据资源管理系统在湖北新型智慧城市数据管理中扮演着关键角色。其元数据配置功能能够对数据源和数据集的元数据进行精细配置，通过这一功能，数据管理所需的数据源信息，如数据源的名称、位置、类型、链接方式等，以及每个数据源中包含的数据集数量、每个数据集的属性（如数据字段名称、数据类型、数据长度、数据精度等）都可以清晰地获取和管理。在城市地理信息数据管理中，对于存储地理空间数据的数据源，可详细配置其坐标系统、地图投影方式等元数据信息，确保地理信息数据的准确使用和分析，为城市规划、交通导航等应用提供可靠的数据基础。

在数据维护及分析管理方面，首先对系统需要管理的数据集进行分类和维护。根据数据集的含义和应用领域不同，划分不同的数据主题，如在城市能源数据管理中，可分为电力生产数据、电力消费数据、能源储备数据等主题，方便用户从不同的数据应用视图上查看数据，提高数据的可读性和可用性。同时，对数据集中的数据进行维护，包括数据的导入/导出操作。在城市交通流量数据管理中，可定期从交通传感器采集新的数据并导入系统，确保数据的时效性；也能根据分析需求将特定时间段或区域的数据导出，以供专业软件进行深度分析，如利用交通流量模型软件对高峰时段的拥堵路段数据进行模拟分析，为交通优化方案提供依据。

数据发布服务依据数据集和数据集中数据列的权限进行划分，根据不同的应用场景将数据发布成不同的形式。在城市政务公开场景下，对于一些非敏感的统计数据，如城市年度经济增长数据、人口出生与死亡数据等，以表格或图表的形式在政府官网发布，方便市民直观了解城市发展概况；而在专业的城市规划领域，对于详细的土地利用数据、基础设施分布数据等，则以地理信息系统（GIS）图层的形式提供给规划人员，使其能在专业软件中进行空间分析和规划设计，确保数据能满足不同用户群体的需求，实现数据价值的最大化利用。

数据访问控制是保障数据安全的关键环节。数据资源管理系统针对数据集或数据列定义了不同的访问级别权限，在跨部门数据交换共享过程中，若用户要访问或使用数据，必须严格遵循相应的申请和审批流程。例如，在城市环保与卫生部门的数据共享中，卫生部门若需获取环保部门的空气污染物浓度数据用于研究特定疾病与空气污染的关联，需向环保部门提交正式申请，说明数据用途、使用期限等信息，经环保部门审核通过后，才能获得相应的数据访问权限，且访问过程会被系统记录，确保数据使用的可追溯性，防止数据泄露和滥用，维护数据的安全性和隐私性。

7.8 数据监控管理系统

数据监控管理系统为多源异构条件下政务数据资源的交换过程提供了全

方位的保障。其前置节点数据交换状态监控功能能够实时跟踪数据在进入交换平台前的各个节点的状态。在城市智慧政务系统中，当各部门的数据向数据中心汇聚时，通过监控前置节点，可以及时发现数据是否按时上传、数据格式是否正确、数据量是否符合预期等问题。例如，某部门在每日规定时间应上传业务数据报表，但监控系统发现该节点数据延迟未上传，系统会立即发出警报，提醒相关人员排查问题，确保数据交换流程的及时性和连贯性，避免因个别节点问题导致整个数据交换进程受阻。

中心节点数据交换状态监控则聚焦于数据在交换平台核心区域的处理情况。在数据进行清洗、转换、分发等操作时，监控系统密切关注数据的处理进度、是否出现错误或异常等。若在数据清洗过程中发现某些数据不符合预设的质量标准，如存在数据缺失或数据值超出合理范围等情况，系统会记录详细的错误信息，并通知数据管理员进行处理，保障数据在中心节点的处理质量和效率，确保流入后续应用环节的数据准确可靠。

提供历史交换任务及状态图形化监控功能，以直观的图表形式展示过往数据交换任务的执行情况和状态变化。数据管理员可以通过时间轴查看不同时间段的数据交换任务完成率、数据量变化趋势、平均处理时间等关键指标。在城市大数据平台的长期运行过程中，通过对历史数据的分析，能够发现数据交换过程中的季节性规律或周期性问题，如在某些特定月份或业务高峰期，数据交换量会大幅增加，处理时间可能延长，据此可以提前做好资源调配和系统优化准备，提高数据交换平台的整体性能和稳定性。

对于已经和未交换任务的管理和干预功能赋予了管理员主动掌控数据交换进程的能力。当发现某些重要任务未按时完成或出现异常时，管理员可以手动启动、暂停、重启任务，或者调整任务的优先级和执行顺序。在城市应急指挥系统的数据交换中，若遇到突发事件需要紧急获取特定数据，管理员可将相关任务优先级提高，确保关键数据能够优先交换和处理，保障应急响应的及时性和有效性，使数据交换服务能够更好地满足城市管理的实际需求。

已经和未交换任务的查询功能方便用户随时了解数据交换任务的详细信息。无论是数据提供方还是数据使用方，都可以通过系统查询到任务的发起时间、涉及的数据范围、当前状态、预计完成时间等信息。在城市金融监管数据交换中，金融机构可以查询自身提交的数据是否已成功交换至监管部门，监管部门也能查看是否已接收所有应获取的数据，确保数据交换的透明度和可追溯性，增强了各方对数据交换过程的信任和协作。

交换日志监控是数据安全和问题排查的重要手段。系统详细记录每一次数据交换的操作日志，包括数据来源、目标地址、操作类型（如上传、下载、更新等）、操作时间、操作结果等信息。在出现数据泄露或数据不一致等问题时，通过分析交换日志，可以快速定位问题源头和责任主体。例如，如果发现某笔数据在传输过程中被篡改，可通过日志追踪数据的传输路径和经手的节点，查找可能的安全漏洞或人为操作失误，及时采取措施进行修复和防范，保障数据交换的安全性和完整性。

异常数据预警推送功能能够实时检测数据交换过程中的异常数据，并及时将预警信息推送给相关人员。在城市物联网数据交换中，当传感器采集的数据超出正常范围或出现异常波动时，系统会立即向数据管理员和相关业务人员发送预警通知，如推送短信或邮件告知异常情况。相关人员收到通知后，可以及时对数据进行核实和处理，避免因异常数据未及时处理而引发后续的错误决策或系统故障，确保城市物联网系统的稳定运行和数据的可靠性。

7.9 数据质量管理系统

数据质量管理系统在湖北新型智慧城市数据体系中肩负着至关重要的责任，其首要任务是全面检测综合基础资源库的数据质量。在完整性方面，系统严格检查数据记录是否存在缺失字段或缺失行的情况。例如，在城市人口信息库中，确保每个居民的信息记录都包含姓名、身份证号、出生日期、性别、户籍地址等必要字段，若发现有任何缺失，系统会标记并提示进行补充完善，保证人口数据的完整性，以便进行准确的人口统计和分析，为城市规划、公共服务提供可靠依据。

对于真实性的检测，系统运用多种验证方法和算法，结合数据的来源渠道、数据的逻辑关系以及与其他权威数据的比对等手段，判断数据是否真实反映实际情况。在城市经济统计数据中，如果某企业上报的营业收入与同行业其他企业相比存在巨大差异，且与市场调研数据和税务部门数据无法匹配，系统会对该数据的真实性产生怀疑，并进一步深入调查核实，防止虚假数据进入综合资源库，维护数据的可信度和可用性，确保城市经济决策建立在真实可靠的数据基础之上。

一致性检测确保数据在不同系统、不同表之间以及不同时间点上保持一致。在城市交通管理系统中，不同路段的交通流量数据在不同监测设备和数据库中的记录应保持一致。若同一时间段内某路段的车流量在两个相邻监测点的数据相差悬殊，系统会启动一致性检查程序，查找数据不一致的原因，可能是监测设备故障、数据传输错误或数据处理算法差异等，及时纠正错误数据，保证交通数据的一致性，为交通流量分析和交通调控提供准确的数据支持。

正确性检测聚焦于数据是否符合预定的格式、编码规则和业务逻辑。在城市医疗信息系统中，患者的体温数据应在合理的生理范围内，且采用正确的数值格式和单位；医疗诊断编码应遵循国际或国内通用的医学编码标准。如果数据不符合这些正确性要求，系统会拒绝接收或提示进行修正，确保医疗数据的准确性，保障患者的医疗安全和医疗服务质量。

可重复性检测保证在相同条件下，数据的获取和处理结果具有可重复性。在城市环境监测数据中，对于同一监测点、同一时间段的空气质量监测数据，如果多次测量和分析的结果差异过大，系统会检查测量设备的稳定性、分析方法的可靠性以及数据处理过程中的误差因素，确保环境监测数据的可重复性，使环境数据能够真实反映环境状况的变化趋势，为环境保护和治理提供科学依据。

结合数据交换系统，数据质量管理系统实时监控数据清洗、转换过程中的数据质量。在数据从各部门数据源向数据中心交换并进行清洗转换时，系统对每一个操作步骤的输入和输出数据质量进行监测。例如，在将城市企业财务数据进行标准化清洗转换过程中，若发现数据在清洗规则应用后出现数据丢失或数据值扭曲等问题，系统会立即暂停数据处理流程，发出警报并提示数据管理员调整清洗规则或检查数据来源，确保数据在整个交换和处理过程中的质量稳定，避免数据质量问题在后续环节中不断累积和放大，影响最终的数据应用效果。

在数据处理的过程中，数据质量模型可单独由业务人员进行定义，并且可以重复使用。业务人员根据不同的业务需求和数据特点，定制适合的质量模型，如在城市房地产市场数据分析中，业务人员可针对房价数据构建包含价格合理性评估、区域价格对比、价格趋势稳定性等指标的质量模型。这些模型一旦定义成功，可在后续的数据分析周期中反复应用，随着业务的发展和数据的变化，业务人员还可对模型进行调整和优化，确保数据质量检测能够紧密贴合业务实际需求，提高数据质量管理的针对性和有效性。

系统可由用户定义不满足质量要求时对数据的处理方案。当数据质量检测发现问题后，用户可以根据数据的重要性和问题的严重程度，预先设置不同的处理策略。对于一些轻微的数据格式错误，可设置自动修复程序进行纠正；对于严重的数据缺失或错误数据，如果是来自不可靠数据源的，则可以选择直接丢弃；对于重要但存在部分问题的数据，可以标记后通知数据提供方进行重新核实和补充。这种灵活的处理方案设置机制，使数据质量管理系统能够更好地应对各种复杂的数据质量问题，保障数据在进入综合资源库后的质量和可用性。

在进行质量监控时，数据质量管理系统应自动汇总生成质量报告，可按照部门、业务分类、数据质量类别展示并查询综合资源库中的数据质量情况。在城市政务数据管理中，每月生成的质量报告可清晰呈现各部门数据的质量得分、主要问题所在以及问题数据的分布情况。例如，报告中显示某部门在数据完整性方面存在较多问题，主要集中在某些业务报表的数据缺失；在另一个部门的数据中，一致性问题较为突出，涉及多个数据库之间的数据同步差异。通过这些详细的质量报告，数据管理员和各部门负责人能够全面了解数据质量现状，有针对性地制定改进措施，持续提升数据质量，为智慧城市的高效运行提供坚实的数据保障。

7.10 商业智能分析平台

商业智能分析平台在湖北新型智慧城市建设中具有举足轻重的地位，其建设的首要任务是打造数据运行综合门户页面，该页面犹如智慧城市的数据仪表盘，实时动态展示数据归集整合、统计数据共享交换的全过程。在城市管理中，通过这一门户，管理者可以直观地看到城市交通流量的实时变化、能源消耗的趋势走向、环境质量的监测数据更新等信息，及时掌握城市运行的脉搏，为决策提供最前沿的数据支持，确保城市管理决策能够紧跟城市发展的实际情况，快速响应城市运行中的各种问题和变化。

支持 js、flash、html5 等多种技术路线自主开发统计图，同时也兼容 fushionchart、anychart、html5 统计图控件等多种第三方工具，统计图类型和样式丰富多样，涵盖柱状图、线状图、条形图、面积图、饼图、点图、仪表盘、走势图、瀑布图、风险图谱、流向图、词云图、和弦图、圈饼图、金字塔、组织机构图、漏斗图、K 线图、关系图、网络图、玫瑰图、帕累托图、螺旋气泡图、数学公式图、预测曲线图、正态分布图等。在城市经济分析中，可运用柱状图对比不同行业的年度产值，用线状图展示城市 GDP 多年的增长趋势，用饼图分析各产业在经济总量中的占比，用仪表盘呈现关键经济指标的实时数值和预警状态，用关系图梳理企业之间的产业关联和供应链关系等。这些丰富多样的统计图和展示方式，能够满足不同用户的分析需求和视觉偏好，使复杂的数据变得直观易懂，帮助用户从不同角度深入挖掘数据背后的规律和趋势，为城市经济发展、产业规划等提供有力的决策依据。

支持多种来源的数据，包括关系型和非关系型数据，打破了数据类型的限制。在智慧城市建设中，无论是传统数据库中的结构化数据，如城市人口信息表中的居民基本信息、企业财务报表中的财务数据等，还是来自物联网设备的非结构化数据，如交通摄像头拍摄的视频图像、环境传感器采集的连续监测数据、社交媒体上的文本评论等，都能被平台整合和分析。例如，在城市交通拥堵分析中，结合交通卡口的结构化过车记录数据和道路监控视频中的车辆密度、行驶速度等非结构化图像数据，能够更全面地了解交通拥堵的原因、时空分布规律以及与周边环境因素的关系，为制定科学有效的交通疏导方案提供更丰富的信息支持，充分发挥了不同类型数据的协同价值，提升了城市数据分析的深度和广度。

具备完善的日志功能，可同时覆盖系统所有的操作，如报表设计、修改、计算，用户的登录注销，服务器的维护，用户管理和权限分配，系统异常等。

同时，专门设置了日志查询和清理入口功能，以便监控软件运行。在城市金融数据分析平台中，通过日志可以追溯每一份报表的生成过程，查看是谁在什么时间进行了何种修改，以及服务器在运行过程中是否出现过故障或资源瓶颈等情况。这不仅有助于及时发现和解决系统运行中的问题，保障平台的稳定运行，还能为审计和合规性检查提供详细的操作记录，确保数据处理和分析过程的透明度和可追溯性，增强用户对平台的信任和使用安全性。

整体性良好，提供完整的展现技术，支持使用即席查询、报表、分析、仪表盘、计划任务管理等多种功能。在城市智慧教育领域，教育管理者可以通过即席查询功能快速获取某一学校或某一学科的教学质量评估数据，无需提前定制报表；利用报表功能生成详细的学生成绩统计报表、教师教学工作量报表等；通过分析功能深入挖掘学生学习行为数据与教学效果之间的关系；借助仪表盘直观展示学校整体的教学资源利用率、学生综合素质发展趋势等关键指标；运用计划任务管理功能定期自动生成教育数据分析报告并发送给相关人员。这些功能相互配合，形成了一个完整的数据分析生态系统，满足了教育领域从日常管理到战略决策等不同层面的数据分析需求，提高了教育管理的效率和科学性。

支持应用目前主流的数据库系统，确保了平台能够与现有的城市数据基础设施无缝对接。在城市企业数据分析中，企业可以根据自身的数据库选型和数据存储架构，方便地将企业内部的数据库与商业智能分析平台连接起来，充分利用平台的分析功能对企业数据进行挖掘和利用。无论是小型企业使用的 Mysql 数据库，还是大型企业采用的 Oracle 数据库，都能在平台上找到合适的接口和驱动，实现数据的顺畅导入和高效分析，降低企业应用商业智能分析技术的门槛和成本，促进了城市企业的数字化转型和创新发展。

支持对报表数据和业务数据的多种展现形式，如固定报表、多维分析报表、各种各样的统计图模型、领导驾驶舱等常用数据展现形式。在城市政务决策中，对于常规的政务统计数据，可以生成固定报表供相关部门存档和查阅；针对复杂的政策效果评估数据，采用多维分析报表，从多个维度（如时间、地域、政策类型等）进行深入剖析；利用各种统计图模型为领导提供直观的数据可视化展示，如用饼图展示财政资金在不同项目上的分配比例，用柱状图对比不同地区的经济发展指标；通过领导驾驶舱将城市的关键经济、社会、环境等指标集中展示在一个界面上，为领导提供宏观决策的一站式数据支持。这些丰富多样的展现形式能够满足不同层次、不同部门的决策需求，使数据更好地服务于城市政务管理和公共服务，提升城市治理的科学性和精准性。

对所有常用展现方式均支持钻取功能，支持使用者对所有常用展现方式定义热点，可以通过点击热点钻取到其他报表、图形等展现方式。在城市能源数据分析中，当用户查看城市年度能源消耗总量的柱状图时，如果对某个月份的能源消耗数据感兴趣，可以点击该月份的柱子，钻取到该月的详细能源消耗分类报表，进一步查看不同能源类型（如电力、煤炭、天然气等）在该月的具体消耗情况；或者钻取到对应的能源消耗走势图，分析该月能源消耗的变化趋势。这种钻取功能使用户能够在不同层次的数据分析之间自由穿梭，深入挖掘数据的细节信息，从宏观趋势到微观细节全面把握数据的内涵，为城市能源管理、节能减排等决策提供更细致、更深入的依据，提升了数据分析的交互性和实用性。

7.11 存储系统

存储系统作为湖北新型智慧城市数据共享平台的重要组成部分，其至关重要的特性是具有国产自主知识产权。非进口产品，且非基于其他开源软件更改，这意味着底层代码完全由国内团队自主掌控。在智慧城市建设中，数据的安全性和可控性至关重要，国产自主研发的存储系统能够有效避免因国外技术封锁或开源软件潜在安全漏洞带来的风险。政府和企业可以根据自身需求对系统进行深度调整和优化，确保存储系统能够紧密贴合智慧城市的数据存储和管理需求，为城市数据提供可靠的存储保障，保障城市信息安全和数据主权。

存储系统体系架构采用并行存储体系架构，偶数互备元数据节点集群与独立存储节点集群物理分离，形成完整的单套系统。这种双集群架构具有诸多优势，元数据节点集群负责管理数据的索引和目录信息，存储节点集群则专注于数据的实际存储。两者物理分离且同时在线，避免了传统主－辅模式下的单点故障风险。在城市大数据存储场景中，当部分元数据节点出现故障时，其他备份节点能够迅速接管工作，确保数据的索引和目录信息仍然可用，不影响数据的正常访问和存储操作；同样，存储节点的故障也不会导致元数据的丢失或混乱，保证了系统的高可用性和稳定性，能够适应城市复杂的数据存储环境和高并发数据访问需求。例如，在城市交通管理系统中，大量的交通监控视频、车辆轨迹数据等需要持续稳定的存储和快速访问，该存储系统的架构能够确保数据的可靠存储和高效检索，为交通管理提供有力支持。

单套系统容量规模可支持在线扩展至1000PB以上，这一特性充分考虑了智慧城市数据的爆发式增长趋势。随着城市信息化程度的不断提高，各类传感器、智能设备产生的数据量呈指数级上升，如城市物联网中的环境监测传感器、智能电表、水表等设备会持续不断地产生海量数据。如此巨大的存储容量能够满足未来长时间内城市数据的存储需求，确保数据有足够的空间进行长期保存和分析，避免因存储容量不足而导致的数据丢失或无法存储的问题，为智慧城市的可持续发展提供坚实的存储基础。

空间动态增减容量功能允许在空余空间允许的条件下，按需增加或缩减存储系统容量，且无须停止应用。在城市的不同发展阶段和业务场景下，数据存储需求会有所不同。例如，在城市举办大型活动期间，如国际体育赛事或重要会议，交通、安保、旅游等领域会产生大量临时数据，此时可快速增加存储容量以应对数据高峰；而在活动结束后，随着数据量的减少，又可适当缩减容量，释放资源。这种动态调整能力不仅能够高效利用存储资源，降低存储成本，还能确保应用系统的持续运行，不会因存储容量的调整而中断业务，提高了存储系统的灵活性和适应性。

传输协议方面，采用前端切片技术提升数据读写效率，同时保证数据安全性水平不降低，并应用专用、高速、安全的分布式文件访问协议和分布式块访问协议，还支持标准协议。在城市多部门数据共享和协同工作过程中，不同部门的应用系统可能依赖于不同的传输协议来访问存储系统中的数据。存储系统对多种标准协议的支持确保了其能够与各类应用系统无缝对接，无论数据是在部门内部传输还是在不同部门之间共享，都能通过合适的协议实现高效、安全的传输，满足城市复杂的数据传输需求，促进数据的流通和协同应用。

统一存储功能使得单套系统内同时支持文件级接口与块级接口，且不以磁盘分区或分组模式支持，同时共享使用集群中的所有磁盘。这一设计简化了存储管理的复杂性，提高了存储资源的利用率。在城市智慧医疗系统中，医疗影像数据通常以文件形式存储，而电子病历等结构化数据可能以块的形式存储和访问。存储系统的统一存储功能允许这两种不同类型的数据在同一套系统中方便地存储和访问，无须为不同类型的数据分别配置不同的存储设备或分区，减少了管理成本和潜在的兼容性问题，提升了医疗数据的存储和管理效率，为医疗服务的高效开展提供保障。

块设备规模支持块设备动态在线扩容，单套系统内不限制块设备的数量，单个块设备的容量支持在线扩展至存储系统的总容量。在城市大规模数据存储应用中，如城市数据中心为众多企业和政府部门提供存储服务时，随着业务的增长和数据量的增加，对块设备的容量和数量需求可能会不断变化。这种动态扩容能力确保了存储系统能够轻松应对这些变化，无须中断业务即可增加块设备的容量或数量，保证了数据存储的连续性和扩展性，满足了城市不断发展的存储需求，为城市数据存储提供了长期的可扩展性保障。

数据库集群支持方面，能够很好地支持各类数据库，且块设备须支持 Oracle rac 模式。在城市企业级应用和政务数据管理中，Oracle 和 SQL Server 等数据库被广泛使用。存储系统对这些数据库的支持确保了数据在存储和访问过程中的兼容性和性能优化。特别是对于 Oracle rac 模式的支持，在企业需要构建高可用、高性能的数据库集群环境时，存储系统能够提供稳定可靠的存储基础，保证数据库集群在数据存储和读写方面的高效运行，提升企业和政府部门的业务处理能力和数据管理水平。

数据负载均衡功能内置在存储系统中，可根据实际需要动态开启或关闭负载均衡进程。在城市数据存储和访问的高峰期，如城市交通流量数据在早晚高峰时段的大量写入和查询，以及电商促销活动期间的订单数据处理等场景下，负载均衡功能能够自动将数据流量均匀分配到多个存储节点或块设备上，避免单个节点或设备因负载过重而出现性能瓶颈或故障，确保数据存储和访问的高效稳定。而在业务量相对较小的时段，可关闭负载均衡进程，减少系统资源的消耗，提高系统的整体能效，实现了存储资源的合理利用和性能优化。

权限管理方面，内置客户端以及用户访问权限机制，可使客户端以及私有用户设置任何数据的读、写、删、list、ln、重命名、追加写的权限，且此权限完全基于存储系统设置，任何超级管理员用户也无法逾越此权限，以此保证数据安全。在城市多用户、多部门的数据存储环境中，不同用户和部门对数据的访问需求和权限各不相同。例如，城市规划部门的工作人员可能需要对城市地理信息数据有读、写和修改权限，以进行城市规划设计；而普通市民可能只被允许对部分公开的城市规划信息进行只读访问。存储系统的严格权限管理机制能够精确地控制每个用户和部门的访问权限，防止未经授权的访问和数据滥用，确保数据在存储和访问过程中的安全性和隐私性，维护城市数据的安全秩序。

数据冗余是存储系统保障数据安全的重要措施之一。单套系统须自带全局跨节点冗余模式，同时支持多副本及纠删码两种冗余模式，并能在线调整安全保护级别。存储节点内所有数据盘空间利用率可有效控制在25%~88%。在城市数据存储中，数据的安全性至关重要，无论是自然灾害、硬件故障还是人为错误都可能导致数据丢失。多副本冗余模式通过在不同节点上存储多个数据副本，确保在部分节点故障时数据仍然可用；纠删码冗余模式则通过数据编码技术，在保证数据可靠性的同时，更有效地利用存储空间。在线调整安全保护级别功能使管理员能够根据数据的重要性和业务需求灵活地调整冗余策略，在保障数据安全的基础上，实现存储资源的优化配置，提高存储系统的性价比。

恢复效率方面，无需热备磁盘，自动修复故障，且单套系统须达到每TB数据恢复速度≤30min。在城市数据存储系统发生故障时，快速的数据恢复能力能够最大限度地减少数据丢失和业务中断的风险。与传统的磁盘阵列技术相比，该存储系统的恢复效率提升10倍。例如，在城市金融数据存储中，如果发生磁盘故障，存储系统能够迅速启动自动修复机制，在短时间内恢复故障磁盘上的数据，确保金融交易数据的完整性和连续性，保障城市金融业务的稳定运行，避免因数据恢复时间过长而引发的金融风险和客户投诉。

兼容性方面，完全基于 POSIX 接口开发，无须考虑兼容性问题。这使得存储系统能够广泛适用于各种操作系统和应用程序环境。在城市的不同部门和企业中，可能使用着不同类型的操作系统，以及各种各样的应用程序。基于 POSIX 接口的存储系统能够与这些系统和应用程序无缝对接，确保数据在不同环境下的正常存储和访问，减少了因兼容性问题导致的系统故障和数据访问障碍，提高了存储系统的通用性和易用性，为城市数据存储提供了便捷的解决方案。

在 Windows 平台挂载方式支持上，存储系统须支持本地目录和驱动盘符同时工作的挂载方式。这一特性方便了 Windows 用户对存储系统的使用，使其能够像使用本地磁盘一样方便地访问存储系统中的数据。在城市政府部门和企业的办公环境中，许多用户习惯使用 Windows 操作系统，这种挂载方式符合其操作习惯，降低了用户的学习成本和使用难度，提高了用户对存储系统的接受度和使用效率，促进了存储系统在城市范围内的推广和应用。

管理系统方面，提供图形界面的监控管理工具进行配置管理，并可查看网络、磁盘、操作系统、内核等基本硬件信息；支持单点同时管理多套集群系统的功能模式。图形界面的监控管理工具使管理员能够直观地对存储系统进行配置和管理，实时监控系统的运行状态，如存储容量使用情况、节点负载、数据传输速率等，并能够及时发现和解决问题。同时，能够查看硬件信息有助于管理员全面了解存储系统的硬件架构和性能状况，为系统优化和故障排查提供依据。单点管理多套集群系统的功能模式则大大提高了管理效率，在城市数据中心管理多个存储集群的场景下，管理员无需在多个管理界面之间切换，即可在一个界面上完成对所有集群系统的管理操作，减少了管理工作量和复杂性，实现了存储系统的集中化管理。

配额管理功能支持对目录、用户、用户组设置容量、目录数、文件数配额，配额可支持所有访问接口，并可在线对其设置、更改和取消，配额实时性以秒为单位，支持配额嵌套、配额预警等功能。在城市多用户数据存储环境中，为了合理分配存储资源，防止个别用户或用户组过度占用存储空间，配额管理功能发挥了重要作用。例如，在城市教育系统中，学校可以为不同年级、不同学科的教师和学生设置不同的存储配额，确保每个用户都有足够的空间存储教学资料和学习文件，同时避免资源浪费。在线设置和实时性保证了配额管理的灵活性和及时性，配额嵌套和预警功能则进一步增强了管理的精细化程度，能够更好地满足城市复杂的数据存储管理需求。

在线升级功能须支持在线升级 / 更换软件及硬件设备，升级 / 更换期间业务不停机，对数据无影响。随着城市数据存储技术的不断发展和业务需求的变化，存储系统需要不断进行升级和优化。在线升级功能确保了在升级过程中城市的业务系统能够持续运行，数据不会因升级而丢失或损坏。例如，当存储系统需要更新到新的软件版本以支持新的功能或提高性能时，管理员可以在不中断城市交通、能源、政务等业务的情况下，顺利完成升级操作，保障了城市数据存储系统的持续可用性和先进性，降低了升级对城市业务的影响，提高了城市数据管理的效率和稳定性。

冷数据扫描功能在数据不频繁使用时，通过设置定期数据扫描，来判断磁盘是否损坏。若损坏，则损坏数据自动恢复，从而防止磁盘静默错误导致数据丢失。在城市数据存储中，存在大量的冷数据，如历史档案、过期的业务数据等，这些数据虽然不经常被访问，但仍然需要保证其安全性。冷数据扫描功能能够定期检查这些冷数据所在磁盘的健康状况，及时发现并修复潜在的磁盘问题，避免因磁盘故障而导致的数据丢失，确保冷数据的长期保存和可用性，为城市的历史数据管理和长期数据存储提供了保障。

快照功能同时提供文件级和块级快照功能，若存储设备发生应用故障或者文件损坏，可以及时进行数据恢复，使其恢复至某个可用的时间点的状态；快照须采用增量快照，不允许复制（Copy）完整数据进行快照，快照操作可以在 1s 内创建或删除，快照数量无限制；且支持可写快照。在城市数据管理中，快照功能是数据保护和恢复的重要手段。例如，在城市企业的财务数据管理中，在每个财务结算周期结束时，可以创建一个快照，以便在后续需要时能够快速恢复到该时间点的财务数据状态。增量快照和快速的操作速度大大减少了快照所需的存储空间和时间，无限制的快照数量则为数据的多时间点备份和恢复提供了便利，可写快照功能还允许用户在快照上进行一些测试和临时操作，而不会影响原始数据，提高了数据管理的灵活性和安全性。

在智慧城市建设中，大数据技术得到了广泛应用，存储系统对大数据平台的兼容能力确保了城市大数据能够得到有效的存储和处理。例如，在城市交通大数据分析中，通过与分布式处理框架（Hadoop Distributed File

System）生态系统的对接，存储系统可以存储和管理海量的交通传感器数据，并利用分布式计算编程模型（MapReduce）和分布式列式数据库（Hadoop Database，Hbase）等组件进行数据分析和挖掘，为城市交通优化提供决策支持，促进了城市大数据应用的发展，提升了智慧城市的数据处理能力和智能化水平。

硬件平台方面，单套系统支持所有通用 X86 服务器，支持多品牌同时使用；可在此基础上同时支持国产申威、龙芯、飞腾等硬件平台。这种广泛的硬件兼容性使得存储系统能够适应城市不同部门和企业的硬件采购和升级策略。无论是采用传统的通用 X86 服务器，还是推广使用国产自主可控硬件平台，存储系统都能与之良好适配，确保数据存储的稳定性和可靠性。在城市信息化建设中，随着国产硬件技术的不断发展，存储系统对国产硬件平台的支持有助于推动城市信息技术的国产化进程，提高城市信息安全保障能力，降低对国外硬件的依赖，促进城市信息技术产业的自主创新和发展。

超融合功能同时支持应用超融合和虚拟化超融合。支持存储节点与应用节点复用，即同一节点既做存储又做应用，可在存储节点上运行应用业务系统软件；支持服务器虚拟化平台，满足虚拟化超融合系统与存储系统为同一厂商所设计建造，可同时满足两种架构根据业务应用灵活转换。在城市数据中心建设中，超融合功能能够充分利用硬件资源，降低硬件采购和管理成本。例如，在城市的一些小型分支机构或新设立的部门中，无须分别购置独立的存储设备和应用服务器，可采用超融合架构，将存储和应用功能整合在同一节点上，简化了 IT 架构，提高了资源利用率。同时，同一厂商的设计建造保证了超融合系统的兼容性和稳定性，便于系统的维护和管理，为城市数据中心的高效运行提供了新的解决方案。

数据远程同步机制系统具有自己的远程数据迁移功能，并具有数据打包、压缩、切片传输功能，大幅度地提升远程数据传输效率。在城市跨区域的数据备份和共享中，如城市与周边城市之间的应急数据备份、大型企业在不同城市的分支机构之间的数据同步等场景下，高效的远程数据同步机制至关重要。通过数据打包、压缩和切片传输技术，能够减少数据传输量，提高传输速度，确保数据在不同城市或地区之间能够快速、安全地传输，实现数据的异地容灾和协同应用，增强城市数据的安全性和可用性，促进城市之间或企业分支机构之间的数据合作与交流。

登录方式上，系统须支持映射模式登录，以本地虚拟盘形式挂载，对其中文件支持在线浏览；系统须支持同步盘登录，所有数据可以根据需要选择进行上传或下载文件内容。在城市多用户的数据共享和协作环境中，这两种登录方式提供了便捷的数据访问途径。例如，在城市政府部门的内部协作中，工作人员可以通过映射模式登录存储系统，像访问本地磁盘一样方便地查看和使用共享文件，提高了工作效率；而在需要与外部合作伙伴共享数据时，可以使用同步盘登录方式，根据授权控制数据的上传和下载，确保数据的安全性和可控性，满足了城市不同场景下的数据共享和协作需求。

部门数据共享功能支持在管理端对每个用户访问部门目录的权限进行在线动态配置，并即刻生效，这种权限支持无法访问、只读、读写（无法删除和改名）、完全控制（可以读写，删除和改名）等多种模式。在城市多部门的数据管理和协作中，不同部门之间需要共享部分数据，但又要确保数据的安全和权限的合理控制。例如，在城市环保部门与城管部门共享环境监测数据时，环保部门可以根据数据的敏感性和城管部门的需求，为城管部门的用户设置只读权限，使其只能查看数据而不能进行修改或删除操作；而在环保部门内部，对于一些基础数据，可能会给予部分工作人员读写权限，以便进行数据更新和维护。在线动态配置权限功能方便快捷，能够及时满足部门之间数据共享和权限调整的需求，提高了部门协作的效率和数据管理的安全性。

个人数据共享功能实现用户一对一、一对多进行文件共享，同时能够控制共享权限，包含只读、读写等多种权限；对于同一个目录，共享名只有一个，共享给不同的好友可以设置不同的权限。在城市居民的个人数据管理和社交分享中，这一功能提供了安全、灵活的共享方式。例如，在居民分享个人照片或文档时，可以根据不同的分享对象设置不同的权限，如只允许某些好友查看照片，而对另一些好友则给予读写权限，方便了个人数据的交流和协作，同时保护了个人隐私和数据安全。

即时通信功能要求个人之间、部门之间在传递信息时，默认包含部门沟通组，用户能自主创建沟通群组，可自定义添加成员进沟通组，共享文件可选择性转存至个人空间内。在城市工作和生活场景中，即时通信功能促进了信息的快速流通和协作。在城市政府部门的日常工作中，工作人员可以通过即时通信工具快速交流工作进展和问题，共享相关文件，并将重要文件转存至个人空间以便后续查看和处理；在城市社区的居民交流中，也可以利用即时通信功能组织社区活动、分享生活信息等，增强了城市居民之间和部门之间的沟通与协作效率，提升了城市的社会活力和工作效率。

订阅功能支持对文件或文件夹进行消息订阅，通过进行指定的操作后，能够及时收到消息通知。在城市数据管理和个人使用中，订阅功能方便用户及时了解文件或文件夹的动态变化。例如，在城市科研人员关注特定领域的研究资料更新时，可以订阅相关的文件夹，当有新的资料上传或文件修改时，能够及时收到通知，确保科研人员不会错过重要的信息，提高了数据管理的便捷性和用户对数据的关注度，促进了知识的传播和创新。

综上所述，湖北新型智慧城市数据共享平台的各个组成部分在技术指标和功能设计上紧密配合，形成了一个完整、高效、安全的数据管理和共享体系，为智慧城市的建设和发展提供了强大地支撑。通过这些先进的技术和功能，城市能够实现数据的高效整合、精准分析与安全共享，进而提升城市治理的科学性、精准性与智能化水平，为居民提供更优质的公共服务，增强城市的综合竞争力与可持续发展能力。

在实际应用中，各个部门可以充分利用数据共享平台的优势，优化业务流程，创新服务模式。例如，在城市交通管理方面，交警部门可以通过平台实时获取来自交通传感器、电子警察等多源异构数据，结合商业智能分析平台的数据分析功能，精准预测交通流量变化趋势，提前制定交通疏导方案，有效缓解交通拥堵状况。同时，交通规划部门能够利用平台的数据资源，对城市道路网络进行更科学的规划和优化，提高交通设施的利用效率。

在城市医疗领域，医院之间可以借助数据共享平台实现电子病历、医疗影像等数据的安全共享与互认。医生在诊断过程中能够查阅患者在其他医疗机构的就诊记录，避免重复检查，提高诊断准确性和医疗效率。医疗研究机构也可以通过对平台上汇聚的大量医疗数据进行分析挖掘，开展疾病流行趋势研究、药物疗效评估等工作，为医学创新提供有力的数据支持。

对于城市应急管理而言，数据共享平台更是发挥着关键作用。在面对自然灾害、公共卫生事件等突发情况时，应急指挥中心能够迅速整合来自气象、公安、卫生、交通等多个部门的数据，全面了解事件的发展态势，及时做出科学决策并协调各方资源进行应对。例如，在洪水灾害期间，通过平台实时获取水位变化、受灾区域人口分布、救援物资储备等信息，合理调配救援力量和物资，保障人民生命财产安全，最大限度地降低灾害损失。

从城市的长远发展来看，数据共享平台的持续优化和拓展将成为推动智慧城市建设不断深入的核心动力。随着新技术的不断涌现和城市需求的持续增长，平台需要持续跟进技术发展趋势，如引入人工智能、区块链等前沿技术，进一步提升数据处理能力、增强数据安全保障、优化用户体验。同时，加强与城市各领域的深度融合，鼓励企业、社会组织等各方参与平台建设和应用创新，共同挖掘数据价值，构建更加繁荣、智慧的城市生态系统，实现城市的可持续繁荣与发展，让智慧城市真正成为居民美好生活的有力依托，在全球城市竞争中脱颖而出，成为数字化时代城市发展的典范。

在未来的发展进程中，还需注重人才培养和技术创新生态的营造。培养一批既懂信息技术又熟悉城市业务的复合型人才，确保数据共享平台能够得到高效的运维和深度的应用开发。通过建立产学研用协同创新机制，促进高校、科研机构与企业在智慧城市数据共享技术领域的合作，加速技术创新成果的转化和应用。此外，制定完善的数据标准和规范体系，加强数据质量管理和隐私保护的法律法规建设，为数据共享平台的健康发展营造良好的制度环境，保障城市数据资产的安全与合法利用，推动智慧城市建设在法治轨道上稳步前行。

总之，湖北新型智慧城市数据共享平台的建设是一项长期而系统的工程，需要持续投入、不断创新与完善，以充分发挥其在城市发展中的核心支撑作用，引领城市走向更加智慧、高效、宜居的未来。

参考文献

[1] 徐金海 . 推动数字经济高质量发展需四方面发力 [J]. 中国报业，2021（13）：128.

[2] 汤旖璆 . 数字经济赋能城市高质量发展——基于智慧城市建设的准自然实验分析 [J]. 价格理论与实践，2020（9）：156-159.

[3] 廖兴国，吴志群 . 大数据在智慧城市研究与规划中的应用 [J]. 科技创新与应用，2019（17）：151-152.

[4] 王本娟，李大勇 . 智慧城市顶层设计理念研究 [J]. 智能建筑与智慧城市，2018（10）：102-103.

[5] 张兴祥，陈夏妍，兰鹏 . 习近平关于"数字福建"的重要论述、实践探索及创新发展——从"数字福建"到"数字浙江"再到"数字中国" [J]. 中国经济问题，2024（04）：1-15.

[6] 杜双枝 . 智慧城市的顶层设计规划 [J]. 智能建筑，2016（08）：32-35.

[7] 刘士林，毕晓航，赖丹馨 . 战"疫"：智慧城市显身手 [J]. 中国建设信息化，2020（7）：22-24.

[8] 李金山 . 将生态文明理念融入城镇化建设 [J]. 青春岁月，2016（2）：266-267.

[9] 张乐平 . 区块链时代的城市运营管理 [J]. 智能城市，2020（12）：22-23.

[10] 罗梓超，吕志坚 . 亚洲智慧城市建设研究及对北京的借鉴 [J]. 城市管理与科技，2015（5）：80-83.

[11] 陈桂龙 . 解读全球智慧城市 [J]. 中国建设信息化，2016（5）：30-37.

[12] 靳吉丽 . 全球标准化专家聚焦城市治理数字化转型 [J]. 中国标准化，2021（15）：13-15.

[13] IBM 商业价值研究院 . 智慧地球 [M]. 北京：东方出版社，2009：1-9.

[14] ALIZADEH T. An investigation of IBM's Smarter Cites Challenge: What do participating cities want? [J]. Cities, 2017, 63 (3): 70-80.

[15] RUTH F, KUNO S, ALI. A G. Legitimizing the Smart City Idea: The Case of the Smarthalle [J]. Yearbook of Swiss Administrative Sciences, 2020, 11 (1): 184-195.

[16] WENMING C, MENGYUN X, YAYUN L, et al. The Smart City Waste Classification Management System: Strategies and Applications Based on Computer Vision [J]. Journal of Organizational and End User Computing, 2024, 36 (1): 1-16.

[17] Streitz N. Beyond 'smart-only' cities: redefining the 'smart-everything' paradigm [J]. Journal of Ambient Intelligence and Humanized Computing, 2019, 10 (2): 791-812.

[18] CARAGLIU A, DEL C, NIJKAMP P. Smart cities in Europe [J]. Ideas, 2009, 98 (5): 1766-1782.

[19] ALLAM Z, BIBRI S E, CHABAUD D, et al. The '15-Minute City' concept can shape a net-zero urban future [J]. Palgrave Communications, 2022, 9 (1): 9-15.

[20] ANTHOPOULOS L. Smart utopia VS smart reality: Learning by experience from 10 smart city cases [J]. Cities, 2017, 63 (3): 128-148.

[21] LYNGGAARD P, SKOUBY E K. Complex IoT Systems as Enablers for Smart Homes in a Smart City Vision [J]. Sensors, 2016, 16 (11): 1840-1840.

[22] 秦嘉铭，侯为刚．浅析智慧城市的发展现状及其趋势 [J]．智能城市，2017，3 (04)：48-52.

[23] 国务院发展研究中心技术经济研究部．物联网：影响未来 [M]．北京：中国发展出版社，2011：22-24.

[24] 陈劲．智慧花园城市——新加坡 [J]．信息化建设，2010 (3)：12-13.

[25] 胡辰旭．新形势下我国新型智慧城市建设发展思考 [J]．智慧中国，2024 (10)：60-62.

[26] 孟凡坤，吴湘玲．智慧城市何以高效建设——基于第一批国家试点的组态研究 [J]．中国科技论坛，2021 (06)：95-104.

[27] 党安荣，甄茂成，王丹，等．中国新型智慧城市发展进程与趋势 [J]．科技导报，2018，36 (18)：16-29.

[28] 骆小平．"智慧城市"的内涵论析 [J]．城市管理与科技，2010，12 (6)：34-37.

［29］王辉，吴越，章建强，等 . 智慧城市［M］. 北京：清华大学出版社，2010：2-9.

［30］肖进，孙海燕，刘敦虎，等 . 基于 GMDH 混合模型的能源消费量预测研究［J］. 中国管理科学，2017（12）：158-166.

［31］左明 . 城市规划中的环境保护问题研究［J］. 中国市场，2016（12）：159-160.

［32］谢德智 . 提升服务体系让玉屏山成为森林康养标杆［J］. 绿色天府，2016（4）：42-45.

［33］王伟进，张晓路 . 中国癌症的现状与疾病负担［J］. 中国经济报告，2019（4）：63-73.

［34］郭庶，向明灯，李良忠，等 . 应用 Poisson 分布原理分析环境污染健康高风险区域恶性肿瘤死亡人群分布特征［J］. 中国医院统计，2017，23（23）：360-361.

［35］石大千，丁海，卫平，等 . 智慧城市建设能否降低环境污染［J］. 中国工业经济，2018（6）：117-135.

［36］李艳 . 中小型智慧城市建设探讨——以锦州市智慧城市建设为例［J］. 环球市场，2019（28）：292.

［37］孙中原，邵成立，宫宁，等 . 基于城市信息模型实现地下管线与智慧城市融合的方法［J］. 城市勘测，2024（03）：174-178.

［38］刘小晨 . 智慧城市的定位与学理分析［J］. 探求，2013（02）：43-47.

［39］潘月秀 . 大数据时代的城乡规划与智慧城市建设［J］. 网络安全和信息化，2024（11）：16-18.

［40］刘华 . 智慧城市信息服务体系建设思考［J］. 环球市场，2017，27（2）：4-5.

［41］卢学伟，毕克妮 . 智慧城市发展对城市规划的影响［J］. 建筑工程技术与设计，2017（32）：10.

［42］田媛媛 ."智慧城市"背景下的城市规划创新与探索［J］. 中国房地产行业，2016（4）：42-44.

［43］贾舒 . 中国特色新型智慧城市的多维目标与建设路径［J］. 长白学刊，2021（4）：112-119.

［44］韦颜秋，李瑛 . 新型智慧城市建设的逻辑与重构［J］. 城市发展研究，2019，26（6）：108-113.

[45] 殷志军．基于城市信息模型的新型智慧城市平台建设探讨 [J]. 测绘与空间地理息，2020，43（8）：138–139，142.

[46] 李晓辉．面向智慧城市的物联网基础设施关键技术研究 [J]. 计算机测量与控制，2017，25（7）：8–11.

[47] 彭继东．国内外智慧城市建设模式研究 [D]. 长春：吉林大学，2012.

[48] 虞君杰．试论数字化四大效应与智慧城市的新特征 [J]. 现代城市研究，2021（01）：120–123.

[49] 林艳柳．中欧智慧治理对比分析——基于信息通信技术的管理、参与和协作 [J]. 城市建筑，2017（27）：26–29.

[50] 金峰平，张国明，张全智．关于智慧城市发展规律研究——以齐齐哈尔市智慧城市建设为例 [J]. 理论观察，2017（6）：5–7.

[51] 刘靖，刘佳昕．智慧城市解决的三大主要问题 [J]. 电子技术与软件工程，2017（22）：261.

[52] 吴建新．以智慧政府建设推进智慧城市发展的对策研究 [J]. 中国信息界，2011（05）：24–26.

[53] 李贤毅．新型智慧城市中的信息技术应用探讨 [J]. 通讯世界，2021，28（1）：74–75.

[54] 张勇．国内外智慧城市发展现状与面临的问题分析 [J]. 智能建筑，2015（5）：45–47.

[55] 陈桂香．国外“智慧城市”建设概览 [J]. 中国安防，2011（10）：100–104.

[56] 严涛．国外智慧城市启示录 [J]. 城市住宅，2014（7）：10–14.

[57] 李媛媛．智慧城市建设的经济法问题研究 [D]. 太原：山西大学，2013.

[58] 柳迪，刘雅举．对智慧城市建设的研究与思考 [J]. 中国新通信，2018，20（12）：52–53.

[59] 陈健，冀超君．“智慧城市”产生的条件及其在国内外的发展情况 [J]. 山西科技，2015（6）：24–25，26.

[60] 苑浩畅，刘晓燕，薛芳，等．国内外智慧城市建设模式及路径对我省的启示 [J]. 商情，2016（40）：266.

[61] 董亮．上海城市智慧化发展对生产性服务业产业结构调整的影响研究 [D]. 上海：上海财经大学，2015.

［62］卿珏，张杰．粤港澳大湾区智慧城市建设：基于香港、广州、深圳的经验分析及启示［J］. 商业经济，2024（01）：37–40.

［63］原松华．智慧城市：探寻未来城市发展之路［J］. 中国发展观察，2013（07）：15–17.

［64］王兆进，王凯，冯东雷．智慧城市发展趋势及案例［J］. 软件产业与工程，2012（02）：18–24.

［65］何遥．智慧天津：大数据升级应用［J］. 中国公共安全，2018（09）：44–48.

［66］张雷，裴志，曹桐，等．谈大数据时代下的智慧城市建设［J］. 价值工程，2019，38（28）：263–264.

［67］吴岩，许光建．我国智慧型城市建设：模式、困境与展望［J］. 管理现代化，2017，37（02）：61–64.

［68］冯长春，魏陶然．智慧城市建设模式与发展趋势探析［J］. 现代管理科学，2016（10）：3–5.

［69］王高华，张新刚，王保平，等．新型智慧城市建设模式与评价指标体系探索［J］. 数字技术与应用，2020，38（2）：233–234+236.

［70］李杰．智慧城市建设的商业模式创新研究［J］. 工程建设与设计，2019（18）：256–257.

［71］王海龙，赵静雯，王鹤茹，等．智慧城市架构下多功能智能杆建设与发展浅析［J］. 中国照明电器，2020（09）：1–5.

［72］曹小兵，王海龙．基于智慧城市架构下智慧杆的建设探究［J］. 中国照明电器，2019（12）：12–15.

［73］凌杰．以数据为中心的智慧城市信息体系架构分析［J］. 信息与电脑（理论版），2017（22）：136–138.

［74］聂燕敏，吴红乐，陈刚．大数据支持下智慧城市架构的研究［J］. 无线互联科技，2016（09）：115–116+121.

［75］李其湘，梁宇鸣．新型智慧城市应用概论［J］. 中小企业管理与科技（下旬刊），2020（02）：149–150.

［76］郭永江．基于微服务架构的智慧城市应用设计［J］. 电脑编程技巧与维护，2021（04）：58–60.

［77］张彩波．智慧系统及其在智慧城市应用的前沿技术分析［J］. 科学技术与工程，

2021，21（10）：3877-3886.

［78］张钧 . 多源空间大数据获取下的智慧城市应用分析［J］. 中国新通信，2019，21（23）：123.

［79］朱蓉，刘良华 . 智慧城市应用系统建设运维模式研究［J］. 浙江工商职业技术学院学报，2019，18（02）：1-3.

［80］吴振宇 . 我国智慧城市发展现状与问题分析［J］. 科学技术创新，2019（16）：24-25 .

［81］黄岚子 . 我国智慧城市发展现状与问题分析［J］. 城市建设理论研究（电子版），2019（06）：186.

［82］姜军，苏艳飞 . 我国智慧城市发展现状与问题研究［J］. 北京建筑大学学报，2016，32（03）：144-149.

［83］金江军，张琳琳，姚大川 . 中国智慧城市发展现状、问题及对策［J］. 北京城市学院学报，2019（01）：32-37.

［84］本刊编辑部 . 新技术、新模式、新生态下智能化行业的跨越发展——专访太极计算机股份有限公司智慧城市基础设施业务集团总经理仲恺［J］. 智能建筑，2018（09）：5-6+45.

［85］郑敏 . 浅谈智慧城市基础设施智能化的信息安全挑战［J］. 中国高新区，2018（07）：100-105.

［86］张晓海，邓贤峰 . 智慧城市基础设施智能化的信息安全挑战［J］. 上海城市管理，2015，24（05）：35-39.

［87］刘士林 . 中国城市治理现代化的路径［J］. 书屋，2021（04）：4-7.

［88］李书 . 从治理到“智”理［J］. 产城，2021（01）：58-59.

［89］张晓峰，杨子佳 . 智慧城市治理的内涵与实现路径研究［J］. 中国产经，2021（14）：40-41.

［90］李秋潭 . 推动潍坊市网格化发展大数据助力智慧城市建设［J］. 中国新通信，2021，23（11）：69-70.

［91］刘涛，杨华 . 推进城市文化产业转型发展问题研究——以省会城市郑州为例［J］. 河南商业高等专科学校学报，2014，27（03）：35-39.

［92］卓贤 . 大城市转型发展的误区规避：经济下滑与产业断层［J］. 改革，2013

（06）：73–79.

［93］许旭，鲁金萍．“十四五”时期我国新型智慧城市建设的七大趋势［J］. 网络安全和信息化，2021（07）：4–7.

［94］胡辰旭．新形势下我国新型智慧城市建设发展思考［J］. 智慧中国，2024（10）：60–62.

［95］刘启诚．智慧城市建设不要务虚［J］. 通信世界，2021（16）：1.

［96］潘技．浅析智慧城市建设下建筑电气与智能化专业的发展［J］. 江西建材，2021（07）：290+292.

［97］张丹丹．大数据技术在智慧城市规划建设中的应用探索与研究［J］. 科技与创新，2024（08）：60–62.

［98］安玉华，胡中华．浅谈大数据视角下的智慧城市建设［J］. 智能建筑与智慧城市，2021（07）：21–25.

［99］檀文飞，陈莉．智慧城市建设实践探索［J］. 安徽建筑，2021，28（07）：56–61.

［100］王瑞娜．区块链技术在智慧城市建设中的应用研究［J］. 内江科技，2021，42（07）：33–37.

［101］马红伟．浅谈新型智慧城市建设［J］. 中国信息化，2021（07）：33–35.

［102］Sanchez L，Muñoz L，Galache A J，et al. SmartSantander：IoT experimentation over a smart city testbed［J］. Computer Networks，2014（61）：217–238.

［103］罗筱琦，何培育．信息安全保障：智慧城市建设的重大课题［J］. 人民论坛，2020（21）：82–83.

［104］阎勤，赵全军，童明荣，等．智慧城市建设保障体系：理论、框架与要素［J］. 宁波经济（三江论坛），2013（07）：6–9.

［105］全国网络安全标准化技术委员会．信息安全技术　智慧城市建设信息安全保障指南：GB/Z 38649–2020［S］. 北京：国家标准化管理委员会，2020.

［106］陈美．智慧城市建设中数据开放保障研究［J］. 现代情报，2018，38（11）：39–43+89.

［107］洪丹青．为民所需大步向前——关于宁波智慧城市建设的调查与研究［J］. 科技视界，2015（13）：173.

[108] 李精华，高晶，田淑慧 . 大庆智慧城市建设及保障措施研究 [J]. 大庆社会科学，2017（03）：123–127.

[109] 刘彦麟，张盛 . 智慧城市建设中信息安全保障机制探究 [J]. 信息通信，2015（06）：156.

[110] 陈畴镛，周青 . "问诊" 智慧城市建设要素保障 [J]. 信息化建设，2014（02）：40–41.

[111] JIN J，GUBBI J，MARUSIC S，et al. An Information Framework for Creating a Smart City Through Internet of Things [J]. IEEE Internet of Things Journal，2014，1（2）：23–30.

[112] ZYGIARIS S. Smart City Reference Model：Assisting Planners to Conceptualize the Building of Smart City Innovation Ecosystems [J]. Journal of the Knowledge Economy，2013，4（2）：35–42.